Android
开发模式和最佳实践

Android Development Patterns
Best Practices for Professional Developers

[美] **Phil Dutson** 著

李雄 译

電子工業出版社·
Publishing House of Electronics Industry
北京·BEIJING

内容简介

本书首先介绍了安卓开发的基础知识，包括如何搭建环境、一般的开发流程、给App添加测试用例等。接下来是组成安卓框架的各个模块和组件，包括应用的结构，如何使用widget和component，以及怎么使用view。然后介绍了应用的设计模式，以及如何创建一个方便管理和更新的App，包括如何添加多媒体和网络连接等。本书后面部分也覆盖了可选hardware组件、安卓Wear和安卓TV。最后介绍了一些关键的优化策略，以及如何打包App去通过企业系统、邮箱和Google Play Service进行发布。

本书既适用于刚接触安卓的开发人员，也可用于有一定经验的安卓技术人员进阶使用。

版权贸易合同登记号　图字：01-2016-3131

图书在版编目（CIP）数据

Android开发模式和最佳实践 /（美）菲尔·达特森（Phil Dutson）著；李雄译. —北京：电子工业出版社，2017.3

书名原文：Android Development Patterns: Best Practices for Professional Developers

ISBN 978-7-121-30908-3

Ⅰ. ①A…　Ⅱ. ①菲…②李…　Ⅲ. ①移动终端—应用程序—程序设计　Ⅳ. ①TN929.53

中国版本图书馆CIP数据核字（2017）第024544号

策划编辑：符隆美
责任编辑：李利健
印　　刷：三河市良远印务有限公司
装　　订：三河市良远印务有限公司
出版发行：电子工业出版社
　　　　　北京市海淀区万寿路173信箱　　邮编：100036
开　　本：787×980　　1/16　　印张：19.5　　字数：349千字
版　　次：2017年3月第1版
印　　次：2017年3月第1次印刷
定　　价：75.00元

凡所购买电子工业出版社图书有缺损问题，请向购买书店调换。若书店售缺，请与本社发行部联系，联系及邮购电话：（010）88254888，88258888。

质量投诉请发邮件至zlts@phei.com.cn，盗版侵权举报请发邮件至dbqq@phei.com.cn。

本书咨询联系方：010-51260888-819，faq@phei.com.cn。

◆

献给那些相信魔法的所有人，
尤其是数字类型的魔法

◆

序言

自从 Cupcake 发布以来，安卓的发展速度非常惊人。如今，安卓不仅已经运行在手机上，它也成为音频设备、平板电脑、电视机、汽车和其他制造商的首选方案。

随着安卓的使用越来越普遍，对于熟悉安卓的开发人员的需求量也越来越大。若要设计出下一批令人惊讶的和必须有的应用，我们需要懂安卓系统设计、技术优势和使用的开发人员。

全世界的许多人都是第一次使用安卓，作为开发人员的我们需要确保安卓提供给用户一流的体验，要使用户感到满意，而且让他们明白安卓系统是真的多么神奇。

为什么有开发模式?

在快速发展的开发世界，模式一般是比较省时的方案，开发者能用这些方案最大化他们的产出和最小化方案失败浪费的时间。

安卓开发是很特殊的，很多 Java 和面向对象程序员感到既熟悉又陌生。它与 Java 语言和结构的联系有助于那些有经验的开发人员几乎不花多少时间就可以更快地熟悉安卓。但是，有一些优化和内存处理技术对富有经验的 Java 开发人员来说并不是最佳。

本书是帮助有经验的工程师理解安卓构建和思维方式的一个桥梁。写本书是为了帮助刚接触安卓开发的人了解这个平台的基础知识，以及如何处理安卓带来的多面性和复杂性，同时也针对高级开发人员给出一些必需的比较深入的提示和策略，以帮助他们做出一个成功的 App。

谁应该读这本书？

任何对安卓开发感兴趣的人都会发现这本书既有意思，也非常有用。那些刚开始接触安卓的人可能不会发现这本书的内容非常完整，但是一些开发经验应该会有所帮助。但是，对于一些比较执着的人来说，他们并不介意多花些时间做尝试，因此，他们在追求完美 App 的过程中会发现这是可以接受的。

开始

对那些刚接触安卓应用开发的人来说，至少需要一台运行 OS X、Windows 或者 Linux 的电脑。在这些系统中，你应该从 http://developer.android.com/sdk/ 下载一个 Android Studio。当然，还有安卓 SDK。

若要充分利用安卓 SDK，需要下载和开发使用相对应的版本和示例代码。虽然你可以只下载某一个指定版本，但是你应该下载所有 App 需要运行的版本的 SDK。

你还应该用安卓 SDK 去下载模拟器的系统镜像或者安卓虚拟设备（Android Virtual Device，简称 AVD）。这些系统镜像允许你在没有安卓设备的情况进行测试。

强烈推荐你至少要有一个安卓设备用于测试。当然，最好能有多个形状不同的设备，这样你就能像用户那样更准确地测试、监控和体验你的 App。

访问下面的网站可以得到最新的安卓信息，以及查看新功能何时发布和如何使用它们。

- **StackOverflow**：http://www.stackoverflow.com/
- **安卓开发者官网**：http://developer.android.com/
- **安卓开发者博客**：http://android-developers.blogspot.com/
- **YouTube 谷歌开发者**：https://www.youtube.com/user/androiddevelopers
- **安卓官方源代码（AOSP）**：http://source.android.com/

本书结构

本书首先介绍了安卓开发的基础知识，包括如何搭建环境。根据重要性，依次介绍了创建一个正确的开发流程给 App 添加测试，确保代码能以预期的方式正常工作。

接下来逐步介绍了组成安卓框架的各个模块和组件。这包括应用的结构是什么，如何使用 widget 和 component，以及学习怎么使用和创建 view。

而后，我们还介绍了应用的设计模式，以及学习如何创建一个方便管理和更新的 App。这包括如何添加多媒体和网络连接，并使它们不会最终浪费宝贵的电池电源，尽可能提供给用户最准确和最新的信息。

书的后面部分也覆盖到了可选 hardware 组件、安卓 Wear 和安卓 TV，这有助于帮你把 App 提升到下一个更高的级别，以及探索新的机会。随着安卓出现在越来越多的设备上，你逐渐会明白如何和为什么把 App 提供给投资这些平台的用户是你的最佳利益。

最后，你还会学到一些关键的优化策略，以及如打包 App 去通过企业系统、邮箱和 Google Play Service 进行发布。

当你看完这本书时，你将会理解安卓系统是如何工作的，然而，更重要的是如何制作一个优化的、可以发布的和成千上万用户满意的 App。

在网站 informit.com 注册这本书的副本，将可以非常方便地访问和获取相关下载、更新和修正的内容。如要注册流程，请到网站 informit.com/register，然后登录或者注册一个账号。输入产品 ISBN 9780133923681，然后单击"Submit"。一旦注册流程完成，你将会在"Registered Products"下面发现可用的奖励内容。

致谢

创作一本书是需要极大的工作量的，如果没有一个优秀团队的帮助、努力、指导和勤奋工作，这是不可能完成的。如果没有三个非常牛的技术编辑帮忙修改，我不可能完成这个工作。非常感谢 Romin Irani、Douglas Jones 和 Ray Rischpater，你们每个人都提供了非常有个人特点的帮助，使这本书变得更加完美，也确保我始终没有偏离既定的轨道太远。

我也要感谢我的开发编辑 Sheri Replin。和 Sheri 一起工作是一件非常开心的事情，她忍受了很多疯狂的时刻，尤其是当我确定要选择一些来自于咖啡因过多而胡言乱语的开发人员的词组成完整的句子时。而信誉度这一点要归功于我的文字编辑 Bart Reed。他奇迹般地把我的疯狂思维管理得既聪明又勤奋，使这本书读起来像我大脑里预想的那样好，同时也使它对读者显得非常清晰。

与往常一样，Pearson 世界级的团队应该得到比我想的更多的感谢。我尤其要感谢这些人：Laura Lewin、Olivia Basegio、Elaine Wiley、Kristy Hart、Mark Taub，以及整个制作团队。弄这些技术文档不是一晚上就能完成的任务，我们团队的同事们经历了很长时间的会议、邮件、电话等才能确保读者读到这本最新的书。

我要感谢我的家人，在过去的几年中，他们允许我几乎每个晚上和每个周末都不在家。使这本书如期发行真的是一件非常不容易的事情，有时候是需要加班的，并且我还要参加很多相关的活动。我相信没有你们，我不可能很好地平衡工作和生活的关系。

最后，我要感谢你！谢谢你选择这本书，谢谢你在书架（电脑或其他）上给它留了一个位置。能和这么多优秀的人一起工作，我感到非常荣幸。我相信，这本书能够让你在创建人们可以长期使用的安卓应用的最佳道路上前行。

目 录

20 应用部署 ·· 283

1

开发工具

最近几年，安卓开发选择的工具集已经发生了变化。Eclipse IDE 曾经是集成开发环境（IDE）的首选，但现在我们已经处在一个交接的时刻，Android Studio 是开发者目前选择的武器。在本章中，你将了解到 Android Studio，如何获取独立 SDK 工具，多种安卓模拟器，以及用于安卓开发的版本控制系统。

Android Studio

许多安卓开发人员以前用过 Android Development Tools（ADT）bundle，或者有一些相关经验。这个安卓团队提供的工具包包含安卓 SDK 和 Eclipse IDE。后者有很多 Java 开发人员已经在使用了，现在可以用它来帮助工程师们创建丰富的安卓应用软件。

Android Studio 是在 2013 年 5 月 15 日的 Google I/O 开发者大会上宣布的。这个新的工具集包含了几个新增加的功能，目的是替代 ADT bundle，使安卓开发变得更容易、更快和更好。最初只发布了一个 beta 版本，但是现在它已经是 Google 官方支持的安卓开发平台了。

Android Studio 是基于 JetBrains IntelliJ IDEA 平台的。这个 IDE 有很多新的和改进的功能，安卓团队觉得那些更适合安卓应用开发。例如，每次按键都自动保存的功能，把编译进程和应用分离的能力智能地自动补全和导入，这些都能帮助开发者更快地创建他们的应用，以及是他们降低对复杂工作环境搭建的依赖和减少对潜在的数据丢失的担忧。

Android Studio 是需要安装的，而不是一个打包的文件。这允许安装时它和系统建立更紧密的联系，同时也使开发人员更容易安装，而不需要手动解压和管理他们自己文件系统中的 SDK 和 IDE。

这个新的 Gradle 编译系统允许有一个更简单的编译过程，它把控制权交还给开发者，从而使项目的协作变得更容易。表面上似乎任何安卓项目都可以毫无问题地被导出或者保存到代码仓库。但是，当另外一个开发人员把项目下载下来时，可能会出现一种比较糟糕的情况，也就是当不同版本的支持库、SDK 工具，或者甚至项目编译目标可能包含不同的 .jar 文件，最终导致项目编译失败，以致开发工作完全停止。

新的基于 Gradle 的编译系统，安装的 SDK 会根据需要创建和包含编译过的 .jar 文件。这极大地加快了团队协作，因为项目能够使用代码仓库进行传输，而不用担心单独发送给开发者去控制项目编译的编译过的 .jar 文件和类似的 .jar 文件的具体版本号。

安装 Android Studio

Android Studio 适用于 Windows、Linux 和 OS X。你可以从 http://developer.android.com/sdk/ 下载 Android Studio 的最新版本。这个网站会尝试去检测你目前安装的操作系统，然后给你推荐一个可供下载的安装文件。如果你正在使用一个和你想安装的电脑不同的系统，你可以在其他下载选项组下载不同版本的 Android Studio 安装文件。

一旦选择了下载 Android Studio，你会看到一个新的网页，它会要求你读下载的条款和规则。阅读那些条款之后，单击"同意"按钮，你才可以开始下载并安装文件。当下载完成之后，就可以执行那个文件开始安装。

> **注意**
>
> 如果你是计量连接或者蜂窝连接，在尝试下载之前，应该找一个宽带连接，因为安装文件可能超过 200MB。即使安装 Android Studio 时你成功地下载了执行文件，它仍然会检查是否有更新和安装更新，还有安卓 SDK 部分，这个可能会增加超过 2 GB 的数据。

不像以前的安装那样把应用解压存到文件系统，图 1.1 展示了在 OS X 上 Android Studio 安装文件的执行过程。

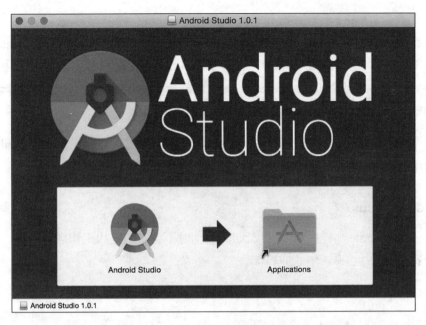

图 1.1 Android Studio 现在在 OS X 上安装得像一个标准应用。你可以把它拖到你的应用目录

不管是安装过程（Windows）还是当你第一次打开 Android Studio 的时候（OS X），你都要过一遍 SDK 向导。因为安卓需要 Java，你需要指定 Java 7 或者是更高 JDK 的路径。目前，Java 7 是安卓开发首选版本的 Java，因此，你应该下载版本 7 的最新发布。注意，必须已经安装有 JDK，而不是 JRE（Java Runtime Environment）。JDK 包含 JRE，它也包含一些 Android Studio 用来编译 Java 代码和资源的额外组件。安装过程中会自动定位系统当前已经安装的 JDK，但是如果没找到，可以访问 http://www.oracle.com/technetwork/java/javase/downloads/ 去下载。

一旦安装了正确的 JDK，你就可以继续这个设置流程。对于大部分开发者来说，默认的安装选项应该是没问题的。但是，如果你想准确地知道它在你的系统上是怎么安装以及安装到哪里，可以选择自定义安装。自定义安装选项允许你选择安装安卓 SDK、Intel HAXM 模拟增强和一个优化过的安卓虚拟设备（AVD）。你也可以改变安卓 SDK 在系统中的安装路径。标准安装会装 SDK、Intel HAXM 和 AVD。

这个向导会问你是否接受更多的规则和条款，然后开始下载必要的组件以提供一个用来开发安卓应用的功能齐全的平台。

> **注意**
>
> 　　如果你一直使用 ADT Bundle 作为主要的开发 IDE，你应该依据下面的向导 http://developer. android.com/sdk/ 把你的工程尽快迁移。如果确实需要，你依然可以使用 ADT Bundle，但 是官方已经不再支持它了，如果遇到问题，需要自己解决。官方的迁移文档请访问 http:// developer.android.com/sdk/installing/migrate.html。

　　当这个向导完成下载之后，就会看到 Android Studio 的欢迎界面。你应该知道现在就 可以开始用 Android Studio 了。

使用 Android Studio

　　不像 ADT Bundle 那样，Android Studio 启动时不会直接进入工作区，相反，它会显示 一个欢迎界面。图 1.2 显示了欢迎界面。

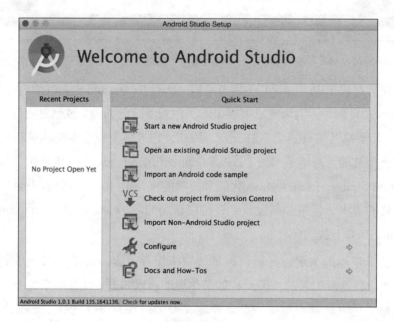

图 1.2　Android Studio v1.0.1 的欢迎界面。新版本比如 1.4 仍然是这样

　　当你开始开发一个项目时，最近用过的项目列表会弹出来，你可以选择一个项目开始 工作。如果要开始一个新项目，可以在快速开始部分单击按钮 "Start a New Android Studio Project"。

　　偶尔会发现一些项目在最近用过的项目列表里找不到，这时应该单击按钮 "Open an

Existing Android Studio Project"去定位项目,然后打开它。

如果你刚接触安卓开发,或者想看一些关于某些部分开发的例子,可以单击"Import an Android Code Sample"。这会触发它去下载例子项目的列表,然后可以打开例子查看,这能帮你理解安卓系统的各个模块是如何交互的,以及如何用于应用构建的。

如果你有一个使用 ADT 创建的项目,可以尝试把它导入,这只需要单击"Import Non-Android Studio Project",然后选择项目目录。Android Studio 会把这个项目转换成 Android Studio 工程。如果你迁移时遇到问题,你可以把这个 ATD 导出或者在导入之前先生成一个 `build.gradle` 文件。

如果你需要更新 SDK 工具,可以通过 SDK Manager 去实现。通过单击按钮"Configure",然后在出现的面板上选择"SDK Manager"即可。如果你已经在一个项目中工作,可以单击"Tools"、"Android",选择菜单里的"SDK",这会启动一个新窗口,它会检查安卓 SDK 是否有更新。如果有,它会提示你更新和安装。图 1.3 显示出"Android SDK Manager"窗口已经有一些包准备安装。

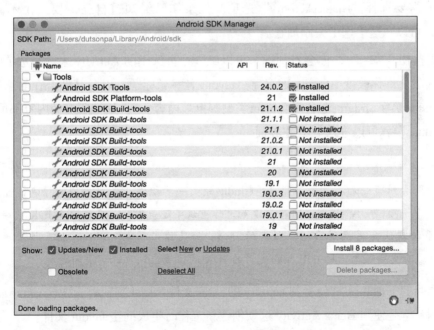

图 1.3　Android SDK Manager 用来安装和更新安卓 SDK 组件

许多其他的组件和包也能通过 Android SDK Manager 来安装。如果发现不能创建或者打开某些工程,有可能是缺少一些包。当你尝试着去解决一些编译,导入或者打开工程的问题时，这应该是一个很好的起始点。

启动一个新项目

单击 "Start a New Android Studio Project" 开始新项目向导。第一页会让你配置工程的初始设置。应用的名字以及包名也是在这里设定的。为了帮你正确地创建包，Android Studio 帮你输入一个公司域名。这能帮忙确保应用不会重复，如果包名相同，可能会带来潜在的冲突。如果你想把工程存到某一个指定的位置，也可以修改默认的路径。

单击按钮 "Next"，可以选择应用的目标。请注意，你并不局限于创建只在手表、电视或者手机上工作的应用。如果你想要应用能在多台设备上运行，就要选中希望支持的平台旁边的复选框。当你选中一个平台时，可以选择执行应用需要的 API level。Android Studio 会更新获取当前的安卓碎片列表，然后显示出应用可以兼容的设备百分比。这个有用的指标可以帮你决定如何创建应用，它还可以让你知道多少用户可以运行你的应用。

单击按钮 "Next"，就会看到 "Activity-selection" 界面。如果你想创建自己的 UI，可能需要选择 "Blank Activity" 选项。如果你已经知道自己需要一个不同类型的 Activity，可以在这里选中去添加它。

单击按钮 "Next"，你会看到一个可以给上一页选中的 Activity 来选择选项的界面。这里的选项允许你改变 Activity 的名字。layout 名字、标题，以及其他潜在的选项，比如菜单 resource 名字、fragment 名字、object 类型等更多内容。一旦你把所有的内容都填好之后，单击 "Finish" 就可以进入 IDE 主界面。

> **注意**
>
> 如果看到项目无法编译的错误、Gradle 缺失一些组件，或者类似的信息，你应该可以看到一个选项 "retry the operation"。如果你重试了还是失败，应该检查 JDK 的编译路径。一些系统默认会用找到第一个版本的 Java。如果你工作在 Lollipop 上，则必须使用 Java JDK 7 或者更高版本；把 IDE 指向更新的 JDK 的位置应该可以解决问题。

当项目打开时，你将会看到 activity 的 .xml 文件。图 1.4 显示了 `activity_main.xml` 的设计图，它是使用 Blank Activity 选项创建新工程时生成的主 layout 文件。

设计图用于拖放式开发。Layout 的列表、widget 和许多组件都可以拖到安卓设备上，而且设计图会随着添加的东西更新显示。即使你不想使用拖放式界面而是组件代码，它们也会被呈现到这个图上，这样你就可以看到项目将来的外观。

图 1.4　activity_main.xml 文件的设计图

设计图的右边是一个组件树，其中显示的是所有添加到 activity 的组件以及 Properties 部分。Properties 部分可以通过微调各种设置来调整组件。请注意一些属性可以改成使用 hard-coded 值，而不是资源文件，比如 strings.xml 中创建的数值。这个刚开始看上去不是个问题，但是当你决定把应用全球化的时候，则需要把所有应用中使用的字符串都翻译出来，这样更新所需的工作量可能会像滚雪球那样变得非常大。

中间部分最初只根据应用的目标设置显示一个默认的设备。如果你是在开发一部手机或者平板电脑应用，它会显示一部手机。这个通过单击设备上面的选项按钮也可以修改。往下拉会把目前的"skin"都列出来，你可以改成别的设备。如果你想看看不同的设备如何处理组件的布局，这将是非常有用的。你也可以修改 AppTheme，以及你想看的那个 Activity 和 API level。

注意

设计图是应用在安卓设备上运行时外观的预览图，但是，它有可能不是100%准确，尤其是安卓设备。任何时候，如果可能的话，请尽量多在实际设备上做测试，也可以用软件模拟器。

当你完成 Activity 的视图处理之后，单击窗口底部的 Text 标签，视图切换后，可以看到组成 Activity 的 XML 文件中的实际节点和元素。提醒一下，你并不是必须使用设计模式的，如果你喜欢，可以把整个 Activity 作为代码直接写到 XML 里。当你从 XML 里添加或者删除 Activity 时，通过预览面板都可以看到正在发生的一切。图 1.5 展示了一个按钮被添加到 Text 视图，然后解析（显示）到预览面板。

图 1.5   添加一个按钮并显示在预览面板

Android Studio 扩展了 IntelliJ 平台，并提供了一些可能已经在使用的新功能和新选项，具体如下：

- 自动保存功能
- 面板定制和面板布置
- 代码静态分析
- 语法高亮
- 自动导入类
- ADB 集成
- LogCat 集成
- Maven 和 Gradle 编译选项
- 文件管理器

- Event log
- 内存监测器
- GitHub 集成
- 标签和断点

阅读 IntelliJIDEA 文档（https://www.jetbrains.com/idea/documentation/），可以了解更多与 IDE 功能相关的事宜。

进入应用菜单，单击 File，然后选择关闭项目，你工作的项目以及 IDE 立刻被关闭，接着显示 Android Studio 窗口的欢迎界面。

如果你不想要 Android Studio，或者你只对安卓 SDK 中一些捆绑的工具感兴趣，可以考虑下载和使用独立 SDK 工具。

独立的 SDK 工具

并不是说你一定要用 Android Studio 开发安卓应用，其他的 IDE 也是可以的，实际上，有些 IDE 提供一个安卓插件去处理应用的编译和发布，当然，前提条件是它可以访问安卓 SDK。

如果你发现只需要安卓 SDK，则可以从网站 http://developer.android.com/sdk 上下载相应的压缩包文件。这个下载在网上被标记为 SDK Tools Only 或者 Other Download 选项。

如果你正在使用 Windows 进行开发，仍然应该下载可执行安装文件，而不是 .zip 压缩文件。安装之后，就很容易获取 Android SDK Manager，以及其他为了确保安装实时更新需要使用的工具。切记一定要把安装工具的位置记下来，这样就可以把它们加到系统路径里，或者使用命令行工具时引用它们。

独立的安卓 SDK 工具不包含完整的工具安装。它只有一些目录、一个 readme 文件，以及一个用于下载工作所需的安卓 SDK 文件的工具目录。

在开始开发工作之前，必须下载一个版本的安卓，以及平台工具。你可以通过进入工具目录执行安卓程序来完成。

注意

　　整个安卓 SDK 文件大小大概是几吉字节。为了减少开发人员做开发需要下载的东西，我们把下载分成了几个部分，这样可以帮你减少开始开发需要的带宽，但是开发过程中需要支持网络连接，以便从网上下载相应的补丁、示例和代码更新。

　　当你执行"android"命令时，Android SDK Manager 会启动。如果你看到一些错误信息，或者什么都不显示，就要检查一下是否已经安装了 Java。Linux 用户需要通过包管理器（比如 apt-get）安装 Java。图 1.6 显示了在 OS X 平台通过"android"命令启动 Android SDK Manager。

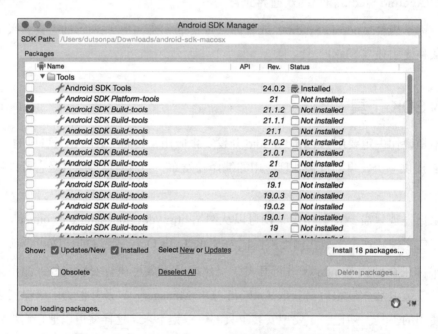

图 1.6　Android SDK Manager 用来更新 SDK 和下载新包

　　当你下载了所有选择的组件和包之后，就可以开始使用安卓 SDK 了。请注意，使用独立 SDK 最适合于那些已经对项目编译很熟悉的开发人员，或者是需要一些特定的工具，比如"adb"和"dmtracedump"的人。

安卓设备模拟

　　对任何一个开发者来说，几乎不可能在他们的办公室里拥有安卓运行的所有设备做在线测试。这就是为什么我们需要安卓设备模拟器的缘由。

模拟器可以帮开发者大概了解一个应用在某一个指定版本的安卓上运行时是什么样的。作为一名开发人员，它给你提供机会去调试、调整和修改设备的设置，比如系统内存、屏幕大小、屏幕 dpi，以及一些传感器信息。使用模拟器并不意味着你可以跳过设备在线测试，但是它肯定是可以加快开发的，因为它可以帮开发人员在手头没有的设备模型上做测试。

安卓虚拟设备

安卓虚拟设备（Android Virtual Device，简称 AVD）是安卓 SDK 里自带的模拟器。通常，我们使用 AVD Manager 来管理 AVD，它可以从 Android Studio 中找到相应的图标来直接启动。当然，你也可以使用命令行来启动，具体做法是进入安卓 SDK 的 "tools" 目录，然后执行 "android avd"。

请注意，当你使用 "android avd" 命令时，启动的管理器是不同于从 Android Studio 启动的 AVD Manager。如果要从 Android Studio 启动 AVD Manager，既可以单击 AVD Manager 按钮，也可以依次选择 Tools、Android、AVD Manager。

通过从 Android Studio 启动的 AVD Manager，你可以看到目前可用的虚拟设备。如果你以前没有创建过虚拟设备，或者没有默认的虚拟设备，则需要单击 Create Virtual Device 按钮来启动配置向导。这个向导可以帮你创建一个虚拟手机、平板电脑、穿戴式设备或者电视。在选好你想模拟的设备类型之后，要选择创建的新硬件配置、导入硬件配置、克隆设备或者继续设置。

克隆设备会创建一个基本设置的副本，然后你可以修改设备的皮肤。如果你选择一个已经存在的设备，然后单击 "下一步" 按钮，将看到一些选项来选择安卓版本和模拟器运行平台的芯片架构。再单击 "下一步" 按钮，你会看到一个页面，在这个页面中可以给 AVD 取名字，还有设备设置摘要，你可以调整设备的大小，也能选择是否使用 GPU，还是创建一个设备的快照来加速启动。每次只能使用这些设置选项中的一个，因此，你需要决定对你来说究竟是快速启动比较重要，还是使用模拟器时潜在的好性能更重要。当然，如果发现有一些选项不能正常工作，任何时候都可以编辑 AVD 去修改它们。

> 对于在笔记本或者是小屏设备上工作的开发人员来说，调整设备大小可能不能非常准确地展现现代安卓设备的原始像素分辨率。如果选择"Auto"，模拟器可以自己调整大小到最佳去适应你的屏幕。

当你修改 AVD 完成时，可以单击"Finish"按钮来结束向导和等待 AVD 的创建和保存。要开始一个 AVD，单击"Play"按钮，然后，带有 AVD 皮肤的模拟器窗口会出现。图 1.7 显示了在 Nexus 6 上运行的一个 AVD。

图 1.7　AVD 已经调整显示分辨率去适配屏幕，而且皮肤也和 Nexus 6 匹配

GenyMotion

GenyMotion 是另一个安卓模拟器，它用 Oracle VM VirtualBox 作为平台来启动和控制安卓镜像。当你使用 GenyMotion 时，可能最先注意到的事情是这个模拟器非常快。通过利用一个不同的虚拟机进程，你会看到一个接近实时响应的模拟器。

要开始使用 GenyMotion，首先应该下载 Oracle VM VirtualBox，这可以通过访问 https://www.virtualbox.org/wiki/Downloads 下载一个适合系统的二进制包。下载和安装

Oracle VM VirtualBox 之后，可以从 https://www.genymotion.com/ 获取 GenyMotion 的安装文件。

开发者可以在各种不同的许可协议下使用 GenyMotion。如果你只是想试用一下 GenyMotion，可以使用免费的许可证，它能授权给你用一个功能受限的模拟器，可以启动应用，但是不能提供优先的技术支持，也不会给你使用用于商业产品的模拟器的权限。

商业许可证将给你提供更多的选项，比如多点触摸、屏幕录像、Java API 使用和优先支持。这个费用不是固定的，但是可以根据定制申请来出售。

还有一种独立的许可证，适用于想使用 GenyMotion 的所有功能但是没有公司可以报销费用的开发者，或者公司只有一个到两个开发人员的情况。

当你刚开始使用 GenyMotion 时，可以先用免费的许可证来体验一下，然后根据情况换成独立许可证或者商业许可证。你也应该知道，GenyMotion 有适用于 IntelliJ 和 Eclipse 的插件，这能让你在 Android Studio 中作为选定的模拟器来使用。

当你安装了 Oracle VM VirtualBox 和 GenyMotion 之后，就可以启动 GenyMotion 应用了。第一次启动 GenyMotion 时，它会问你是否想下载一个模拟器。如果你想下载预编译和调整过的模拟器，应该单击"Yes"按钮。然后它就会提示你登录。为了下载模拟器，GenyMotion 要求用户必须注册。请注意，注册是非常容易的，而且，当你管理许可证时也是需要注册的。

输入用户信息之后，你将可以选择想下载的模拟器。为了更快地找到你想要的模拟器，你可以使用 API 级别和设备类型相关排序选项。继续通过模拟器创建向导来下载选中的设备。镜像文件下载完成后，可以选择模拟器，然后单击"开始"按钮来启动它。

GenyMotion 绝对值得拥有，尤其是你需要一个运行速度和物理设备一样快的模拟器时。

Xamarin 安卓播放器

Xamarin 通常被认为是一种跨平台框架，或者是使用 C# 写安卓应用的首选方案。Xamarin 已经发布了能和任何 IDE 或者是使用 adb 的开发方案进行配对的模拟器。

Xamarin 安卓播放器不能像其他模拟器那样提供全方位的功能支持，但是，它现在正处在积极的开发过程中，随着开发的继续，越来越多的新功能得到了支持。目前，它的执行方式与 GenyMotion 类似，也需要安装 Oracle VM VirtualBox。与 GenyMotion 不一样的是，如果 Oracle VM VirtualBox 没有安装，它会下载，然后开始安装。关于安装流程和程序用法，你可以访问 Xamarin 安卓播放器文档网站 http://developer.xamarin.com/guides/android/getting_started/installation/android-player/。

由于安卓播放器是来自 Xamarin 的方案，你必须要有一个激活 Xamarin 的安卓试用或者定制版。Windows（32 位和 64 位）和 OS X（10.7+）系统都是支持的。关于 Xamarin 安卓播放器的更多信息，请访问 https://xamarin.com/android-player。

我们有很多不同类型的代码仓库，包括 CVS、SVN、Git、Mercurial 等其他类型。下面是安卓开发过程中使用的几个代码仓库方案列表。

版本控制系统

需要代码存储仓库这一点看上去非常直接，但是对很多开发人员来说，只有遇到硬盘故障或者存储事故时，才能让他们意识到在开发的时候拥有一个代码存储方案是必需的。

使用 SVN 有几个选项；一些方案是通过云存储来实现的，其他的则是作为企业或内部解决方案。虽然 SVN 通常是安装在 Linux 服务器上的，但是也有一些发行版本（比如 VisualSVN）允许你的 SVN 服务器运行在 Windows 环境。

Subversion

Subversion（https://subversion.apache.org/）是一个使用非常普遍的版本控制系统，它和很多客户端都是兼容的。Subversion 是在 2000 年由 CollabNet 创建的，目前是 Apache 基金会在管理。专门有提供给 Eclipse 和 IntelliJ 的插件，甚至还有属于系统 Shell 的插件。Subversion 通常指 SVN，它创建进入版本控制的每个文件的影子副本。这些文件用来做比较和恢复，但是，它们和实际文件占用的大小是一样的。这意味着如果使用 SVN，在系统里需要占用项目大小两倍的空间。

Subversion 支持以下功能：

- 忽略使用 .svnignore 文件管理的文件列表
- 分支
- 版本
- Merge 跟踪

- Tag
- 命令行和客户端访问

Git

Git（http://git-scm.com/）和一般的版本控制系统采用的策略不一样。它不是依赖于有一个代码集中存放的仓库，而是把自己分发给各个用户。它在 2005 年由 Linus Torvalds 为了搞 Linux 内核开发而创建。随着时间的流逝，Git 已经成为最流行的代码仓库存储系统之一。

虽然仍然有一个集中存储的地方，但是每个用户都在本地创建一份远端代码仓库的克隆，然后工作在本地版本上。这意味着改动都是提交到本地的，当准备好之后，就可以推送到远端服务器。好处是用户都能独立工作，当改动准备好之后，就可以发送推送请求给远端服务器系统，并填加到主代码仓库。

Git 通过 GNU GPL 许可证版本 2 可以免费获取，但是，你也可以找到在线服务器，它们可以提供公共项目的个人存储，或者收费的私人服务器。

Git 提供以下功能：

- 通过克隆实现分布式仓库
- 命令行和客户端
- 分支项目
- 通过配置 .git 来忽略文件列表
- 上下文切换
- 分支

Mercurial

还有一个版本控制系统是 Mercurial（http://mercurial.selenic.com/）。Mercurial 和 Git 非常相似，每个开发者都工作在一个本地的代码仓库副本上，也是当改动准备好之后才发送修改请求到远端服务器。

Mercurial 是用 Python 写的，它有 Windows、Linux 和 OS X 的客户端工具。使用 Python 实现这一点使这个系统可以通过插件进行扩展，你能在 Mercurial 的 WiKi 网站上找到相关插件，当然自己写也行。

Mercurial 提供以下功能：

- 分布式仓库
- 分支
- 合并
- 工作流

总结

本章主要介绍了开发安卓应用需要的工具。你会了解到 Android Studio，它是安卓团队提供的基于 IntelliJ IDEA 社区版本的支持平台。你也会学到如何安装独立 SDK 工具来使用自己的 IDE 或者其他编译工具。你还会了解到版本控制系统，这有助于你把代码保持在一个安全的状态，易于恢复和共享。

2
测试和调试

测试和调试对安卓开发来说是两个非常重要的部分。这些程序围绕着如何确保你的应用是值得信赖的、可靠的和可以维护的。通过各种不同的测试方法，可以确保你的代码像期望的那样正常工作。通过调试应用，可以确定代码中存在的问题，以及窥见应用在设备上运行时大概是什么样的。

在本章中，你将会了解到单元测试、集成测试和如何使用 Android Studio 提供的工具进行应用调试。这能帮助你理解为什么测试如此重要，以及怎么在你自己的应用里使用它们。

单元测试

对一些开发者来说，单元测试不只是一个建议，它是开发流程中很重要的一个部分。如果没有测试你的代码，你就没法准确知道它在做什么，以及它能做什么，你就不能信任它。

通常，单元测试是为代码里某个指定模块写的。模块可能包括整个类，或者说它们可以简化为一个单独的函数做测试。你就是那个负责写代码的单元测试的人，因此，你可能需要采用一些测试驱动设计的原则。下面这个问题列表可以帮你充分理解单元测试：

- 这个模块的目的是什么？
- 这个模块支持什么类型的输入？
- 如果把无效数据发送给这个模块会发生什么？
- 这个模块会返回任何数据或者对象吗？
- 返回的数据或者对象要求验证吗？
- 怎样以最简单的方式获得结果？

单元测试不仅仅只是用来确保你的代码做你认为应该做的事。当你需要和别人协作一起工作时，它对于验证你的代码也非常有用。

当你在团队项目中工作时，可能有个模块，你知道它可以正常工作，但是每次你提交一个下载请求、同步，或者你想把代码上传到代码仓库，其他团队成员可能会通知你时，你的模块出问题了，在你把它添加到主服务器或者代码仓库的主分支上之前，你必须要先修复问题。虽然你十分肯定模块是没有问题的，但如果没有执行测试去验证那一点，你将会陷入和团队成员无休止的争论中，不仅浪费时间，而且当问题解决时，有可能会使你的项目延迟。通过提供一个代码测试，可以让其他的开发者确切地知道你是如何测试代码的，同时，这也是给他们一个机会去展示自己的测试，可以帮助了解他们期望你的模块处理来处理什么事情。

开始在项目里写测试代码时，需要对你的工程做一些修改。如果你的工程没有包含测试目录，则需要在下面这个目录创建：app/src/test/java。这个目录包含你的测试代码，但被测试的代码应该位于 app/src/main/java 目录。

如果已经确认创建了这个目录结构，接下来就可以修改应用模块里的 gradle.build 文件来增加对 JUnit 的支持。这可以按照如下方法做：

```
dependencies {

// 其他依赖

testCompile 'junit:junit:4.12'
}
```

根据这个目录结构和依赖关系，现在你可以开始写测试类了。测试类使用注解来声明测试函数以及执行特殊处理。下面是一示例类，它展示了如何从 JUnit 导入，以及使用 @Test 注解去设计函数作为测试方法。

```
import org.junit.Test;
import java.util.regex.Pattern;
import static org.junit.Assert.assertFalse;
import static org.junit.Assert.assertTrue;
public class EmailValidatorTest {

// 使用 @Test 来指定一个测试函数

@Test
```

```
public void emailValidator_CorrectEmail_ReturnsTrue() {
```

// 使用 assertThat() 来执行邮件地址的验证

```
assertThat(EmailValidator.isValidEmail("myemail@address.com"),
is(true));
```

}

// 其他测试函数和逻辑可以继续

}

在其他测试中，可能会用到的注解如表 2.1 所示。

表 2.1 JUnit 注解

@Before	用来指定每个测试开始时调用的设置测试操作代码
@After	用来指定每个测试结束时执行的代码。这是作为清理目的，而且应该用于释放加载到内存中的资源
@BeforeClass	用来指定每个测试类使用一次的静态函数。这应该用于执行开销大的操作，比如连接到数据库
@AfterClass	用来指定在其他所有测试执行之后的静态函数。如果你曾经使用 @BeforeClass 注解定义和使用资源，你应该使用 @AfterClass 释放使用过的定义和资源
@Test	用来指定测试用的一个函数。你可以在测试类里有多个测试函数，而每个都有一个 @Test 注解
@Test(timeout=<milliseconds>)	用来指定一个时间长度，如果测试超过这个时间会被认为是失败。如果超时了，而且这个函数还没有返回，它会自动返回一个失败

当创建测试类和函数之后，可以从 Android Studio 里打开 Build Variant 窗口去运行它们。这可以通过使用屏幕左边的快捷菜单，或者是 Build，选择 Build Variant 菜单。一旦这个窗口显示出来，请确保测试工件中已经选择了单元测试选项。接下来，你的测试会被列出来，用鼠标右键单击想要运行的类或函数，然后选择执行。

当测试执行完成时，结果会显示在运行窗口中。如果想要一个可以展示如何集成和使用自动化测试的完整工程，可以通过 GitHub 访问 Google 官方测试示例 https://github.com/googlesamples/android-testing。

还有一些其他的测试可以用来充实和完成测试策略。Robotium 自动测试框架（https://

code.google.com/p/robotium/) 是一个经过良好测试和值得信赖的框架，它能用来作为你的测试集中一个独立的组件或者附加程序。

另外需要考虑的是 Appium (http://appium.io/)。Appium 是一个跨平台的产品，它非常接近于一套自动化库，能用于原生、混合和 Web 应用。Appium 是基于 Selenium WebDriver 的，它允许你使用自己熟悉的语言来创建和执行测试，包括 Ruby、.NET、Java、Python、JavaScript、Swift、Objective C 和其他。如果你已经知道 Selenium WebDriver 是怎么工作的，那么这肯定是你值得尝试的一个选项。

集成测试

完成单元测试之后，接下来是集成测试。集成测试是测试整个事件序列、用户界面(UI)组件，以及可能和各种不同的服务供应商做端到端的测试。

一个做集成测试的方法是 monkeyrunner。monkeyrunner 应用是一个工具，它可以通过 ADB 连接执行 Python 脚本来打开或者安装应用到安装设备上，然后发送键盘和触摸事件，以及执行过程中出现混乱时抓取屏幕截图。这对于创建能经受编程压力测试的应用来说是一个有价值的工具，通过图像就可以自我记录结果。代码清单 2.1 展示了一个简单的 Python 脚本，它能帮你创建脚本去打开应用和发送按键事件。

代码清单 2.1   用于 monkeyrunner 的 Python 脚本

```
from com.android.monkeyrunner import MonkeyRunner, MonkeyDevice
import commands
import sys
import os

print "** MonkeyRunner Start"

# 判断截图目录是否存在，如果没有就创建
# 请注意，这是在脚本执行的地方创建的
if not os.path.exists("screenshots"):
    print "creating the screenshots directory"
    os.makedirs("screenshots")

# 把 MonkeyRunner 连接到设备
```

```
device = MonkeyRunner.waitForConnection()

# 我们测试的应用，如果找不到就安装
apk_path = device.shell('pm path com.dutsonpa.debugexample')
if apk_path.startswith('package:'):
    print "App Found."
else:
    print "Installing App"
    device.installPackage('com.dutsonpa.debugexample.apk')

print "Starting MainActivity"
device.startActivity(component='com.dutsonpa.debugexample/com.dutsonpa.
→ debugexample.MainActivity')

# 获取一个截图
MonkeyRunner.sleep(1)
result = device.takeSnapshot()
result.writeToFile('./screenshots/monkeyrunner_ss.png','png')
print "Screenshot Taken"

# 发生事件来模拟菜单按钮的一个单击
device.press('KEYCODE_MENU', MonkeyDevice.DOWN_AND_UP)

print "** MonkeyRunner Finish"
```

注意

必须提前在系统里安装 Python，同时要把它放到系统路径里，这样脚本才能执行。当然，也应该把安卓 SDK 放到系统路径里，这样 monkeyrunner 才能从命令行或者终端直接执行。

另一个比较有用的测试工具是 UI/Application Exerciser Monkey (Monkey)。Monkey 和 monkeyrunner 的执行方式类似，但它不是 Python 脚本，而是命令行应用，你可以配置，还可以在模拟器或者设备上执行。

Monkey 能模拟触摸、单击、姿势、方向、轨迹球和类似设备事件。当应用崩溃（crash）时，执行一个权限错误，或者遇到 ANR（Application Not Responding）提示，Monkey 都会停止发送事件给设备或者模拟器。如果你真想把设备或模拟器运行到极限，可以覆盖这些默认的设置，Monkey 会继续运行，然后发送随机事件。

Monkey 可以像下面这样使用：

```
adb shell monkey -p com.dutsonpa.debugexample -v 300
```

这里启动了一个模拟器，然后通过 adb 来访问它。这意味着 adb 会先处理。shell 命令随后被发送到目标设备上打开一个远程 shell。下一个是 monkey 调用以及参数选项"-p"。参数"-p"会限制 Monkey 只运行在后面指定的包里。com.dutsonpa.debugexample 就是 Monkey 被限制运行的包名。参数"-v"用来输出详细 log 信息到终端。你可以忽略这个参数，但是那样打印出的 log 信息会非常有限。这一行末尾的参数"300"是用来指定事件个数的。对于这个例子，300 个随机事件会发送给模拟器。用 100 个事件来执行这个命令的输出如图 2.1 所示。

图 2.1　把详细 log 参数传入之后终端显示出关于事件发送给模拟器的信息

Monkey 也可以有所调整，以更加受控的方式来执行。通过使用不同的参数，可以控制输入事件以多快的速度被触发，以及多少事件是触摸、运动、轨迹球、手势和其他的输入事件。另一个非常牛的功能是当测试中出现错误时，它会把完整的调用栈打印到终端，包括应用内存使用情况、出现 crash 的包、crash 的类型、应用 crash 在测试中出现的正确地点和线程调用栈。

使用 Monkey 有助于快速评估你的应用。看上去发送随机事件有点过分，但是实际上它能提供一个方法去评估你的应用在压力很大的情况下的反应速度。当你接触到一些需要快速更新屏幕的应用，或者甚至要同时处理大量输入事件（比如游戏）时，Monkey 能产生随机大量输入，还可以产生一些事情来打断你的应用。通过下拉状态栏、按 back 键和 home 键，以及菜单键，Monkey 可以使你的应用有机会去执行 OnPause()、OnResume() 和其他函数。

Monkey 可能不能解决你所有的问题，但它应该是你测试策略的一部分，因为它很容易执行，安卓 SDK 自带，还能对你的设备如何处理应用提供及时反馈。

另外一个你在做集成测试时要考虑的工具是用户界面（UI）测试。这可以通过捆绑在安卓 SDK 里的另一个工具来做。UI Automator Viewer 是通过命令行执行的，或者是 SDK 安装路径里的 Tools 目录的终端窗口。

注意

> 如果安装了 Android Studio，但却不知道安卓 SDK 安装的位置，可以打开 Android Studio 来找到它，具体方法是单击 SDK Manager 图标，或者通过菜单选择 Tools、Android 和 SDK Manager。这会启动 SDK Manager，它会把 SDK 的路径显示在窗口顶端的一个文本框里。

在开始使用 UI Automator Viewer 之前，打开 shell 命令，切换到安卓 SDK 安装路径下的 tools 目录。注意，如果 tools 目录在你的系统路径里，就不需要切换到那个目录下，只需要简单执行命令来启动 UI Automator Viewer 即可。一旦你已经定位了正确的路径，则执行下列命令：

```
./uiautomatorviewer
```

请注意，Windows 用户不需要 "./"，直接输入 uiautomatorviewer 来启动应用。应用开始之后，你将迎来一个非常简单的界面，现在你可以使用了。

在做以下操作之前，确保电脑连着一个真正的安卓设备，并且已经开启 USB 调试。

提示

> 可以通过检查 Android Studio 的 DDMS 窗口来确保是否有设备连接，或者是查找列出来的设备，以及使用 adb 命令列出连接到电脑的设备。输入 "adb devices" 到命令行，它会返回连接可以调试的设备列表。如果没有任何返回，请检查你的连接，确保 USB 调试是否已经打开。

　　一旦设备已经被连接上，并且要测试的应用已经打开，你就可以单击 UI Automator Viewer 窗口顶端附近的 Device Screenshot 图标。这会启动生成 UI XML 截图的流程。它会抓取当前屏幕，然后把它显示在窗口左边。在这里，你可以在各种不同元素上拖曳鼠标光标或检查它们。当你把鼠标光标移到那些元素上时，右边的一个窗口会在 layout 上移动，并显示现在它属于视图层次结构上哪个地方。

　　当你单击某一个元素、layout 或者 widget 时，会出现一个红色的边框，那个条目的详情会显示出来，包括 class、package 和属性信息。图 2.2 显示了一个选中的按钮在 UI Automator View 内部的属性信息。

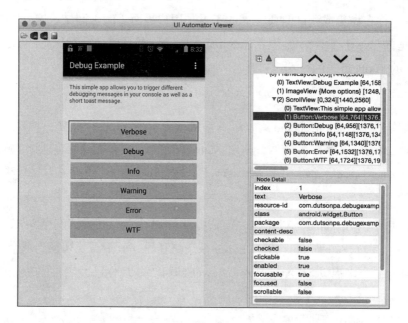

图 2.2　左边是带有边框的被选中的按钮，右边显示的是按钮的各种属性

　　你可能会发现有一些条目没有显示在屏幕上，而是存在于应用中。对于这些条目，你可以浏览层次结构，然后选中它们，会出现一个虚线边框，然后这个条目的属性仍然会被列出来。利用这个信息，你可以判断这个条目是否在正确的位置上，或者是给你一些线索让你知道当应用加载时这个条目会去哪里。

注意

UI Automator Viewer 最牛的特点之一是可以看见将要被显示的东西，或者当开启了 accessibility 模式时它会读给用户听。如果发现"content-desc"没有值，可以立刻给它添加一个值。请记住，并不是所有的东西都需要值，比如，不需要设备把"scroll view"或"frame layout"告诉用户。但是，需要告诉用户关于按钮和导航相关的选项。

使用 UI Automator Viewer 能帮你发现潜在的 layout 问题，找到丢失的组件、widget 和元素，以及很好地看到当在安卓设备上呈现时这个 layout 是如何放在一起的。

调试

为了确保应用稳定，正常工作，100% 可以执行，许多开发者花了相当时间来写单元测试和测试脚本。有时，尤其是安卓开发，测试在某些设备上可以工作，但是在其他设备上却不行。这种情况下，调试是找到问题并解决它的最好方法。安卓上的调试可以分为 profiling、tracing 和 messaging。

Profiling

当你在设计一个应用时，一般都想知道大概有多少可用内存，以及你的应用使用了多少内存。由于安卓的灵活性，许多制造商修改了安卓的通用 UI，加了一些特殊效果、新的应用和扩展功能。但是，这些定制会带来一些附加成本。当制造商添加特殊功能和内置功能时，他们改变了系统可用内存的数量，以及添加或扩展了许多内置设备功能。

不仅仅是系统内存，你也应该要看应用占用的 CPU 资源和系统可用 CPU。许多开发者忽略一个事情是其应用占用的 CPU 周期数量。这看上去并不值得担忧，但是使用 CPU 不是免费的。你的应用越耗电，用户不用它的可能性越大，最终导致你的应用被卸载。

在开始对你的应用做 profiling 之前，需要启动模拟器，或者找一个安卓设备开启 USB 调试，然后连接到电脑。

提示

　　如要在你的安卓设备上打开"Developer mode"，打开 Settings，然后找到"About Device"或"About Phone"，一直单击"Build Number"，直到弹出一个 toast（提示）告诉你是一个开发人员了。请注意，有一些设备或手机可能有一个"Software Information"菜单选项，那个选项下面包含"Build Number"。这会解锁"Developer Options"，然后你可以开启 USB 调试和许多其他选项，这些有助于你的开发和调试应用。

　　一旦设备连接上之后，你就可以开始使用 Android Device Monitor。这既可以从命令行启动，也可以从 Android Studio 启动。如果要从命令行启动，则需要进入 SDK 安装路径的 Tools 目录，或者把那个目录加到系统路径。你需要找到并执行 monitor。注意，对于 Linux 或者类似的系统则需要执行 ./monitor 来启动这个应用。

　　如果需要从 Android Studio 里启动 Android Device Monitor，则可以单击 Tools 菜单，然后选择 Android and Android Device Manager。不管如何启动它，都有一个启动界面会出现，然后是 Android Device Monitor 窗口。图 2.3 显示了 Android Device Monitor 的窗口。

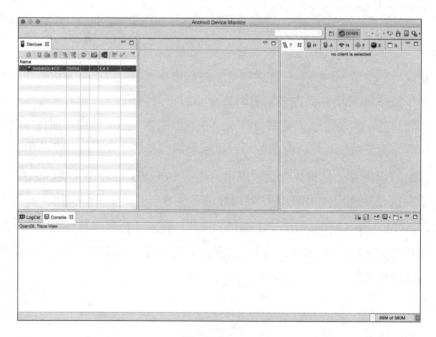

图 2.3　Android Device Monitor 刚启动时看上去很普通，但它显示了很丰富的信息

　　你的设备应该列在 Android Device Monitor 中。下面是所有正在运行的 package，这些是可以用来分析的。选中其中一个 package，可以通过单击 Update Heap 开始 profiling 这

个 package，图标看上去像圆柱体的部分是绿色的。在查看相关信息之前，你也要单击那个垃圾桶图标来开始执行垃圾回收。然后可以单击 Android Device Monitor 右边的 Head 表来查看收集信息。图 2.4 显示了从一部手机上运行的 package 收集到的数据。

通过抓取 heap dump，我们能看到系统给自己的应用分配了 35MB 的 heap，但是我们只用了 27MB，有 7% 是空的。如图 2.4 所示，所有的应用创建的对象都列出来了，以及它们分别占用的空间。这能帮助快速查看哪个用的内存最多，而且能从里面得到一些线索，关于应该调查哪些地方去减少低效创建的对象。

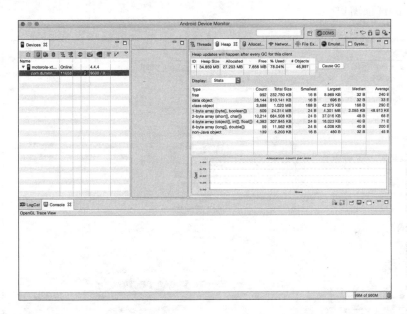

图 2.4　Android Device Monitor 许多地方的大小都可以调整，这有助于更容易地查看信息

请注意，你看到的结果取决于很多东西，比如你的应用、你的目标安卓版本和使用的设备。这是为什么我们建议你最好尽量多找一些物理设备测试应用的原因之一，因为只有这样你才能看到真实的结果。

另一个非常有用的统计在 Android Device Monitor 窗口底部。它显示了设备上的可用内存，还有目前谁在用它。这对于创建设备可用内存的 baseline 非常有用，可以用鼠标右键单击触发选项来显示最大的 heap 值。

还有一个在 Android Device Monitor 中做 profiling 时非常有用的部分是 System Information 表。这个窗口显示了目前的 CPU 负荷、内存使用情况，以及设备的帧渲染时间。请记住，当对 CPU 和内存做轮询时，它会轮询你的整个设备，而不仅仅是某个特定的 package。

Tracing

为了跟踪代码的执行情况，可以使用一个叫作"Systrace"的系统级工具，它可以查询设备上执行的应用、内存使用情况等。当 Systrace 完成后，它生成一个 HTML 报告，这个可以用 Web 浏览器查看。要启动 Systrace 的话，可以打开 Android Device Monitor，单击绿红条的图标。图 2.5 高亮显示了在 Android Device Monitor 里的那个图标，以及单击它时弹出的选项窗口。

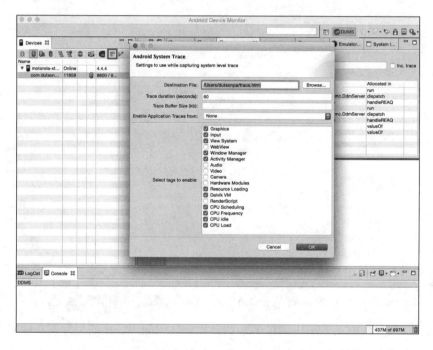

图 2.5　当单击 Systrace 图标时，弹出一个窗口允许设置跟踪选项

这个窗口允许选择下列选项：

- 报告存到什么地方

- Trace 执行多长时间

- Trace 的大小（KB）

- Trace 的应用（选择 None 意味着所有的应用）

- 数据收集采用的特殊标签

Systrace 工具的功能非常强大，查看它生成的报告能对你的应用和设备做的事情有一个深刻的了解。如果生成了一个报告，却发现它很难阅读，可以尝试只打开收集数据使用的特殊标签。

另一个调试代码的方法是应用运行时添加一些信息到调试输出里。

Messaging

似乎每种语言都有办法把程序运行时的值打印到控制台或者调试 log 里以供查看。对 Web 开发者来说，这过去通常指使用 alert() 方法，最近是 console.log() 函数。对 Java 开发者来说，当不用断点系统和使用调试器进行单步调试时，这偶尔是指 System.out.println() 方法。

在安卓系统里，可以访问 Log 类，它允许你添加自己的信息，而且可以通过 Logcat 查看。要从命令行使用 Logcat，首先应该连接上一个设备或者模拟器，而且要允许 adb 访问它。然后，可以输入 "adb logcat"，随后相关信息就会开始打印到控制台窗口。也可以传入一些参数选项到命令行调用来控制它的输出。表 2.2 列出了相关选项和它们的含义。

表 2.2 "adb logcat" 参数选项

-c	清除 log 和退出
-d	把 log dump 到命令行然后退出
-f < 文件名 >	允许指定一个文件来存储输出
-g	显示 log buffer 信息和退出
-n < 数字 >	< 数字 > 设置保存多少个循环 log。默认值是 4，而且要求使用 -r 选项
-r <kbytes>	<kbytes> 在循环之前设置 log 的大小值
-s	过虑 log 到 silent 级别
-v < 格式 >	设置 log 输出的使用格式。置信是 "brief"。其他选项有：process、tag、raw、time、threadtime 和 long

Logcat 也集成到 Android Studio 里作为 Dalvik Debug Monitor Server(DDMS)的一部分。通过安卓 Tool 窗口可以看见它。如果那个窗口在 Android Studio 中看不到，则可以通过单击 View → Tool 窗口→ Android 打开它。

Logcat 窗口包含一个输出区、log 级别选择框、搜索输入和过滤选择框。图 2.6 显示了这些区域的一个截图。

因为 Logcat 输出的是系统 log，它可以显示很多系统信息。这是非常好的，因为这样就可以看到设备上正在发生的事情，但是它也会很难找到某一个特定的信息。这就是为什么我们有搜索、过滤和 log 级别选项的原因。

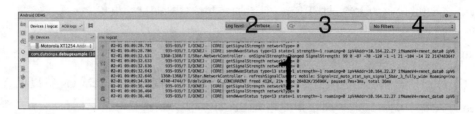

图 2.6　输出区域 "1" 显示 log；"2" 是 log 级别选择器，它允许修改显示的 log 输出；"3" 是搜索区，运行基于查询条件进行过滤；"4" 是过滤选择器，允许在查看全局 log、定制 log 和应用特定 log 之间切换

在搜索区域输入一个查询条件，可以根据 package 名或者应用名字来对 log 进行过滤，它会只显示相关信息。通过调整 log 级别，可以把要显示的信息限制在某一个级别。通过使用过滤器，可以查看系统生成的 log 信息和应用，或者是一个自己创建的定制 filter。

可以把这些选项混合使用，它们能帮助缩小范围，然后快速和高效地找到想要的信息。以前提过的，可以使用 log 级别来只查看一部分信息。这个可以通过在应用代码里使用 Log 类来实现。

如果想要在应用里设置 log 级别，需要导入 Log 类。这通过把 "import android. util.Log;" 加入到类文件的 import 部分来实现。然后，就可以使用下面的方式在代码里开始打印 log：

```
Log.v("MainActivity", "This is a verbose log message.");
```

请注意，有两个参数传递给 Log.v() 函数。第一个是字符串，它应该设置为目前所在的类。这能帮助识别某些信息是从哪儿触发的。如果不想以这种方式来传一个字符串，则可以在类里声明一个变量，然后使用那个变量。具体做法如下：

```
private static final String TAG = "MainActivity";
Log.v(TAG, "This is a verbose log message.");
```

打印 log 有几个 level。表 2.3 显示了能在代码里使用的 level。

表 2.3　打印 log 的方法

Log.v(String tag, String msg)	详细信息
Log.v(String tag, String msg)	调试
Log.v(String tag, String msg)	信息
Log.v(String tag, String msg)	警告
Log.v(String tag, String msg)	错误
Log.v(String tag, String msg)	Assert，可怕的错误（WTF）

　　每个 level 调用的方式都是一样的，差别是它们过滤 log 时显示出来的信息不同。举个例子，我有一个应用，当单击某一个按钮时会触发一些 log。当我用 Verbose level 进行过滤时，看到的信息如下：

```
02-01 09:42:01.168 16414-16414/com.dutsonpa.debugexample V/MainActivity:
Verbose button has been clicked.
02-01 09:42:01.856 16414-16414/com.dutsonpa.debugexample D/MainActivity:
Debug button has been clicked.
02-01 09:42:02.665 16414-16414/com.dutsonpa.debugexample I/MainActivity:
Info button has been clicked.
02-01 09:42:03.471 16414-16414/com.dutsonpa.debugexample W/MainActivity:
Warning button has been clicked.
02-01 09:42:04.277 16414-16414/com.dutsonpa.debugexample E/MainActivity:
Error button has been clicked.
02-01 09:42:05.151 16414-16414/com.dutsonpa.debugexample A/MainActivity:
WTF button has been clicked.
```

　　Log 产生的这些信息包含有时间戳、生成信息的应用名和 log 的级别（V、D、I、W、E 或者 A），还有使用的标签，然后是输入要显示的信息。

　　注意，当在 DDMS 里使用 LogCat 时，如果我把 log 的级别改成 Warn，LogCat 控制台则只显示如下信息：

```
02-01 09:42:03.471 16414-16414/com.dutsonpa.debugexample W/MainActivity:
Warning button has been clicked.
02-01 09:42:04.277 16414-16414/com.dutsonpa.debugexample E/MainActivity:
Error button has been clicked.
02-01 09:42:05.151 16414-16414/com.dutsonpa.debugexample A/MainActivity:
WTF button has been clicked.
```

这是因为这些信息的严重级别的顺序。Verbose 将会显示所有的 Verbose 以及以上的 log 信息。因为 Verbose 是严重级别里最低的，所有的 log 信息都会显示。当我把 log 级别改成 Warn 时，只有 Warn、Error 和 WTF 的 log 会显示。

> **注意**
>
> WTF 标签是为错误保留的，或者是代码中永远不会失败的部分。它也叫作 Assert（断言），是 log 中级别最高的。采用 Assert 级别打印的 log 在 Logcat 中始终可以看见，因为它是意味着非常或者极其重要的。

Log 文件并不能取代 profiling、tracing 或者使用断点的好处和坏处。但是，它的确是给了开发者一种方式去查看变量及其值，尤其是当它们在实时变化时，而且我们不需要暂停线程和通过栈去查找。

请注意，虽然它们对于开发 App 非常有用，但是请不要把这些 log 放到应用的最终版本中，那样会浪费内存，而且如果外部 log 库被打包到 APK 里的话，它还可能多占文件存储空间。

总结

在本章中，你会学到各种不同测试和调试安卓应用的方法和方式。你了解到给应用写测试用例是很重要的，而且当和别人协作时，测试用例能确保代码做想做的事情。

你会了解到自动化测试工具的重要性，它们可以帮你识别、控制和修复那些快速用户输入和 layout 相关的问题。你也会知道很多工具都是已经集成到安卓 SDK 中的，因此，你可以直接从命令行来使用它们，这可以帮你在测试时取得成功。

你会了解到如何监控你的安卓设备或模拟器的内存和 CPU 使用情况，以及如何创建报告来理解什么在使用你的系统资源，它可以用来帮你优化代码。你也会知道并不是每个制造商都提供同样的安卓体验，这也给了你一个机会去扩展新功能，或者当你写自己的应用时意识到它。

最后，你会学到打印 log 的流程和如何把 log 打印到控制台，以及怎么用命令行工具"logcat"去查看它们，或者是使用 Android Studio 里的安卓 Tool 窗口，以及如何调整 logcat 输入过滤器。

3

应用结构

随着安卓把支持的开发平台从 ADT bundle 改成 Android Studio，编译系统也换成用 Gradle。这给许多开发者创造了机会去以共同协作的方式开发应用，它同时也改变了之前项目的文件结构。

在本章中，你将会学到新的文件系统结构，以及我们项目代码中各种类型的文件，包括 XML 文件存放在何处，图片文件如何保存，以及 Gradle 编译文件的存储位置。

当在 Android Studio 里创建一个应用时，会发现整个项目分为 app 目录和 Gradle 脚本两部分，如图 3.1 所示。

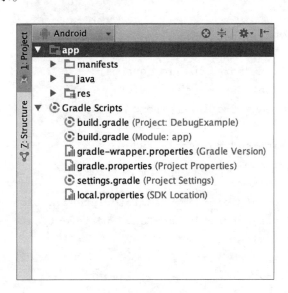

图 3.1　app 目录和 Gradle 脚本在项目窗口中都可见

app 目录包含三个子目录，主要是组成应用的代码文件和资源。这样划分的目的主要是为了方便确定哪些东西应该放到哪个目录下。但是，对于那些刚接触应用开发的人，或者是想把从基于 Eclipse 的旧开发模式迁移过来的工程师来说，可能他们不太确定哪个文件该放在哪个地方。为了使这件事情变得很容易，我将会带着你把每个目录和其中应该包含的文件浏览一遍。

Manifest

如同其名，manifest 是放 manifest 文件的地方。取决于 target 的不同，可能会有一个或者多个 manifest 文件。由于 App 版本的问题，或者甚至是为了支持特殊的硬件，也有可能会有多个 manifest 文件。

manifest 文件是你创建工程时 Android studio 自动生成的。代码清单 3.1 显示了一个生成的 manifest 文件。

代码清单 3.1　Android Studio 生成的 manifest 文件内容

```xml
<?xml version="1.0"encoding="utf-8"?>
<manifest xmlns:android="http://schemas.android.com/apk/res/android"
    package="com.dutsonpa.helloandroid" >

  <application
    android:allowBackup="true"
    android:icon="@drawable/ic_launcher"
    android:label="@string/app_name"
    android:theme="@style/AppTheme" >
    <activity
      android:name=".MainActivity"
      android:label="@string/app_name" >
      <intent-filter>
        <action android:name="android.intent.action.MAIN" />
        <category android:name="android.intent.category.LAUNCHER" />
      </intent-filter>
    </activity>
  </application>

</manifest>
```

如果以前接触过安卓 manifest 文件，这个文件看上去应该是类似的。它是一个 XML 文件，起始处有个 `<xml version="1.0" encoding="utf-8"?>` 声明。只有这样，应用才能知道如何处理这个文件中的信息。因为它被声明成一个 XML 文件，会发现这个文件里的选项和设置是由包含属性的元素组成的。在那个声明后面放着的元素是一个非常好的例子。

`<manifest>` 元素包含了一些属性：XML 命名空间和应用的包名。包名是在创建项目时生成的。`<manifest>` 元素也可以包含一些子元素。

在代码清单 3.1 中，只有一个子元素：`<application>`。它包含了很多影响显示的属性，还有是否允许应用备份等。其他的子元素包含应用要用到的 activity、intent、provider、receiver、service 等。

`<manifest>` 文件可能包含一些其他元素，比如 `<uses-permission>`。这个元素对应用开发者来说既是好事，又是坏事。通过允许你的应用访问系统功能，你可以使应用变得很神奇，就像可以让用户访问任何他们想访问的内容一样。很不幸的是，这有时候可能导致用户安装应用时看到非常可怕的消息显示出来。如果你只是按顺序获取你必须要拥有的权限去完成一个任务，用户非常有可能去安装你的应用，但如果你是要拿到通往王国的钥匙，然后承诺你不会危害用户或者随意访问个人数据，用户估计是不愿意安装的。

> **注意**
>
> 针对特定的屏幕大小，你以前可能在应用中用过 `<compatible-screens>` 元素。现在我们不再推荐这么用，反之，你应该用不同的 layout 资源来允许尽量多的用户使用你的应用。

XML 的性质决定了在里面添加或者删除元素的先后顺序没有父子关系。但是，请注意，官方文档指出，以下列出的那些元素必须要按如下顺序排列。

```
<manifest>
  <uses-permission />
  <permission />
  <permission-tree />
  <permission-group />
  <instrumentation />
  <uses-sdk />
  <uses-configuration />
  <uses-feature />
  <supports-screens />
```

```
    <compatible-screens />
    <supports-gl-texture />
    <application>
      <activity>
        <intent-filter>
          <action />
          <category />
          <data />
        </intent-filter>
        <meta-data />
      </activity>
      <activity-alias>
        <intent-filter></intent-filter>
        <meta-data />
      </activity-alias>
      <service>
        <intent-filter></intent-filter>
        <meta-data/>
      </service>
      <receiver>
        <intent-filter></intent-filter>
        <meta-data />
      </receiver>
      <provider>
        <grant-uri-permission />
        <meta-data />
        <path-permission />
      </provider>
      <uses-library />
    </application>
  </manifest>
```

　　你可能会去尝试创建和添加一些自己的元素，但是，你应该知道 manifest 只能解析一套指定的元素集，当它发现用户定制的新元素时，解析会报错。在某些元素中添加自己定制的属性也是一样的情况。

Java

Java 目录不言自明，该目录是存放你创建的应用相关的所有 Java 文件。

所有的类都在这里，而且 Android Studio 会把这些类和包的路径绑定到一起，这样处理文件时就不需要深入到包中。

你不仅限于把类放到包的根目录。和其他 Java 应用类似，可以随意创建子目录（只要合理就行），然后把自己的类放到里面。

比如，如果处理数据库连接，想把所有的数据都放到一个易于使用的存储位置，可以创建一个"data"目录，然后把相关的类放在里面。可以把自己的类导入到 MainActivity 中使用，当然，这取决于是如何创建应用的。如果我创建了一个数据库相关的类叫"MyDB"，然后把它放到"data"目录，我将会用下面的方式把它导入到 MainActivity 中。

```
import com.dutsonpa.HelloAndroid.data.MyDB;
```

当处理自己的项目时，需要修改域名"dutsonpa"和应用名"HelloAndroid"去匹配。

Res（Resources）

manifest 和 Java 目录存放了对应用来说非常重要的部分，它们主要是为了允许应用能够安装，还有应用的逻辑部分。"res"目录主要是控制应用的布局、多媒体和常量等相关问题。这个目录这样命名主要是因为它含有应用需要的所有资源。它里面的目录可以对应用资源进行分离和排序。

当用 Android Studio 创建新应用时，它会自动生成一些目录。但是，这并不意味着只能在项目中使用这些目录。下面是"res"目录中能被使用的目录列表。

Drawable

"drawable"目录包含应用需要使用的所有可视媒体和资源。表 3.1 列出了能放在这个目录并使用的 drawable 类型。

表 3.1　drawable 目录的资源文件

Drawable 资源	文件类型
Bitmap	图片文件 (比如 .jpg、.png 和 .gif)
剪辑 Drawable	一个包含和其他 Drawable 一起创建剪辑对象的点的 XML 文件
插入 Drawable	一个用来把 Drawable 放到另一个 Drawable 允许范围里的 XML 文件
Layer 列表	一个包含组成其他 Drawable 数组的 XML 文件。请注意条目绘画顺序是基于它们在数组中的位置，第一个放在底层
Level 列表	用来显示其他可以基于请求级别而通过 setImageLevel() 来访问的 Drawable 的 XML 文件
Nine-Patch	一个可以基于内容大小按比例拉伸的 PNG 图片文件
Scale Drawable	一个 XML 文件，它包含一个用来基于目前值改变其他 Drawable 的维度值的 Drawable
Shape Drawable	一个包含几何形状、颜色、尺寸和类似属性的 XML 文件
State 列表	一个用于有多个或不同外观状态图片的 XML 文件
Transition Drawable	一个包含可以在两个 Drawable 条目之间转换的 XML 文件

当使用 Android Studio 时，可能会意识到并不是所有的文件夹都显示为你的资源。在文件系统中可能会有几个单独的文件夹：drawable、drawable-hdpi、drawable-mdpi 和 drawable-xhdpi，每个都含有一个同名的资源，但它们是专门给不同的显示分辨率使用的。在 Android Studio 里，这个资源将会显示在 drawable 目录下，它会作为一个可以展开的目录，而资源会使用在圆括号中。图 3.2 展示了 Android Studio 如何在依赖于像素密度的目录里显示这些同名资源。

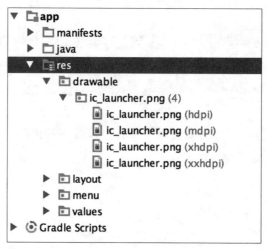

图 3.2　"ic_launcher.png" 文件有几个目录，但是当主资源展开时它只显示一个单一的特定密度版本的资源

Layout

Layout 目录是用来存放关于 layout 的 XML 文件的。默认的 layout 文件命令是随着你的 Activity 的，在使用 Android Studio 创建一个新工程时，如果选择默认的设置，layout 文件的名字将会是 `activity_main.xml`。

这个文件用于建立你的 Activity 的 layout，我们使用它来确定你的 layout、组件、widget，以及类似的用于应用 UI 的东西的基本布局。

类似于 drawable 目录，可能有多个 layout 文件夹来处理不同的设备。这对于处理那些需要为屏幕空间大小不一的设备进行调整的 layout 是非常有用的。开发者过去经常是只处理一个片段去改变某一页的布局，他们应该会感到非常高兴，因为现在他们可以使用一个会自动被调用的单独的 layout 文件，而不需要只处理一个片段。

要使用一个基于屏幕大小的单独的 layout，需要指定基于 dp 单位的设备宽度或者是高度，而且把它作为文件名。dp 单位指密度独立的像素。这个单位允许使用相对测量值，当在不同的物理像素或分辨率设备上使用时，它们也不会改变。举个例子，平板通常是 7" 或者更大，它的宽度一般是 600dp，这允许创建一个目录，叫作 layout-sw600dp，可以把 layout 的 XML 文件放在其中。当应用打开时，它会先检查应该使用哪个 layout 文件，然后根据设备显示相应的 layout。

Layout 也支持根据屏幕分辨率（基于 dpi，dots-per-inch）而使用不同的目录名来制定，如下：

- **ldpi**：适用于屏幕尺寸 ~120dpi。
- **mdpi**：适用于屏幕尺寸 ~160dpi。
- **hdpi**：适用于屏幕尺寸 ~240dpi。
- **xhdpi**：适用于屏幕尺寸 320dpi。
- **xxhdpi**：适用于屏幕尺寸 ~480dpi。
- **xxxhdpi**：适用于屏幕尺寸 ~640dpi。
- **nodpi**：这种资源将会用于所有的设备。
- **tvdpi**：适用于屏幕尺寸介于 mdpi 和 hdpi 之间，大概为 213dpi。

Menu

如果选择创建或添加一个 menu 到应用，定义这个 menu 的 XML 将会位于此目录。menu 的名字可以任意取，但是当用 Android Studio 创建一个新工程时使用默认选项，会发现 menu 已经被命名为 menu_main.xml。

这个命名规范实际上是非常有用的，因为它识别出 XML 文件是什么"menu"，以及什么 activity 被分配给"main"。

Values

value 目录用来记录应用中使用的 values。如果要创建一个有简单的维护周期的应用，我们强烈推荐不要在代码中使用 hard-code 的 value，而是把这些 values 放到一个位于 values 目录下的 XML 文件里。

下面是一个例子：

```
// 对一个资源进行硬编码
<TextView
  android:text="Hello Android!"
  android:layout_width="wrap_content"
  android:layout_height="wrap_content" />


// 使用 /res/values/strings.xml 中的一个值
<TextView
  android:text="@string/hello_android"
  android:layout_width="wrap_content"
  android:layout_height="wrap_content" />
```

在上面的例子中，TextView 里显示的值会随着 strings.xml 中的字符串而变化。下面是一个 strings.xml 的例子：

```
<?xml version="1.0" encoding="utf-8"?>
<resources>
  <string name="hello_android">Hello Android!</string>
</resources>
```

当用 Android Studio 创建一个新项目时，它会自动生成下列 XML 文件：

- dimens.xml

- strings.xml

- styles.xml

看一下这些文件，会发现每个都是有一个父元素 <resources> 的 XML 文件。这可能会导致认为应该把所有的 value 都放到同一个 XML 文件，然后直接在应用里使用。虽然这样做是可行的，但是为了易于维护应用，以及准确地知道数据在哪里，我们还是强烈推荐把 value 分成多个文件来存放。下面是应用里用到的文件列表，它们主要用来分开保存不同的 value：

- arrays.xml

- colors.xml

- dimens.xml

- strings.xml

- styles.xml

每个文件命名都非常清晰，这样可以很准确地知道在做什么。同时，每个文件都会随着放在父元素 <resource> 后面的元素来取名字。比如，位于 <color> 元素里的颜色 value 一般是 <resource> 的子元素。

其他 Resource

可以在应用里为其他 Resource 创建其他目录。表 3.2 列出了每个目录的名字，以及它们分别应该存放什么内容。

表 3.2　应用 Resource 目录

目录名字	目录内容
animator	属性动画 XML 文件
anim	中间动画 XML 文件
color	颜色状态列表 XML 文件
raw	使用 AssetManager 读取的存储文件
xml	任意可以用来在应用里以 Resources.getXML() 函数使用的 XML 文件

> **提示**
>
> 你可能想知道应用里用到的音频文件该放到哪里。你可以把它们存放到 /res/raw 中，然后通过 R.raw.audio_file 进行访问。这样就不需要任何项目级别的目录，也能使你的 res 目录井井有条。

Gradle

对 Android Studio 来说，我们决定转移到 Gradle，而不再用 ant 来做项目编译。为了帮助管理编译文件，Android Studio 添加了一个 Gradle 脚本到工程里。当展开 Gradle 时，可以看到编译配置文件、属性和设置文件。

当把工程迁移到 Android Studio 时，可能会发现需要调整一些设置去适配新版本的 Gradle 或编译工具。可以通过打开应用目录里的 build.gradle 文件来查看目前的设置。代码清单 3.2 显示了一个编译文件例子。

代码清单 3.2　一个安卓应用的 build.gradle 文件

```
apply plugin:'com.android.application'

android {
  compileSdkVersion 21
  buildToolsVersion "21.1.2"

  defaultConfig {
    applicationId "com.dutsonpa.helloandroid"
    minSdkVersion 15
    targetSdkVersion 21
    versionCode 1
    versionName "1.0"
  }
  buildTypes {
    release {
      minifyEnabled false
      proguardFiles getDefaultProguardFile('proguard-android.txt'),
        'proguard-rules.pro'
```

```
    }
  }
}

dependencies {
  compile fileTree(dir: 'libs', include: ['*.jar'])
  compile 'com.android.support:appcompat-v7:21.0.3'
}
```

当迁移或升级应用时，最需要关心的是 compileSdkVersion、buildToolsVersion、minSdkVersion 和 targetSdkVersion。如果这些数字和系统中目前安装的不匹配，你会看到编译错误，应用将无法在模拟器或设备上启动，甚至是无法编译。

其他 Gradle 文件应该由 Android Studio 来管理，当的项目编译时，它们有可能会自动更新。如果你想了解更多关于 Gradle 的信息，请访问官方网站 https://gradle.org/。

总结

在本章中，你会学到组成安卓应用的相关组件，还会了解到随着把开发 IDE 从带有 ADT 插件的 Eclipse 改变成 Android Studio，工程结构和应用资产会存到不同的位置。

你会知道应用的 manifest 和各种它包含的不同元素，比如安全元素，它允许你的应用访问系统资源以进一步扩展应用的功能。

你还会了解到可以根据设备屏幕密度来使用包含特定设备资产的目录。这允许你为多个设备创建特定的 layout，而不用求助于使用单一片段来修改 layout。

最后，你会了解到 Android Studio 使用 Gradle 编译系统，以及很多问题可以通过确保环境配置来加以避免。

4
组件

当开发安卓应用时，如果能对组成应用的组件有一个比较好的理解，这将有助于加快开发，也能简化流程。知道模块之间彼此如何工作能帮助我们把一个不可能的应用变成可以实现的。

在本章中，我们将会介绍安卓系统使用到的传输信息和给用户显示数据的组件。我们会重点介绍 Intent、Activity 和 Fragment。

Intent

说到应用组件，Intent 组件的名字是非常恰当的。你使用 Intent 通知系统要启动一些东西时，可以像你听到的那样认为：它就是要让系统知道你的意图是什么。

当使用一个 Intent 时，可以发送两种类型：显式 Intent 和隐式 Intent。它们的不同主要在于期望如何解析 Intent。

一个显式 Intent 要求使用完全合格的类名来指定组件。例如，可以使用一个 Intent 来调用 com.mycompany.MyActivity。这个允许调用具体的 activity 和 service。有时候，可能希望其他应用可以监听和处理你的 Intent。这就是为什么你需要使用隐式 Intent。

注意

为了保证应用的安全，请一定要确保使用显式 Intent。也应该避免创建暴露 service 的 Intent filter。这个是非常关键的，因为不管应用有什么样的 Intent filter，任意一个显式 Intent 都会被处理的。如果另外一个开发者反编译了你的代码，他会看到你的 service，这可能会导致他们把它用于做坏事。为了帮助你不犯这种错误，Android 5.0 以上版本中，如果有人尝试用隐式 Intent 来使用 bindService()，它会抛出一个异常。这个可以看作是使用显式 Intent 的一个提醒。

如果你创建了一个应用用来处理图片、分享数据，或者甚至是允许一种文本形式的消息，你可能想让用户决定如何处理它们。例如，处理图片，可以用一个隐式 Intent 来告诉安卓系统你想使用设备上的摄像头。这会开启预览图片、拍照、保存图片到存储器空间的基本需要。这个图片会被传回你的应用，然后就可以在那里做处理和保存。对于分享数据或消息，可以用一个隐式 Intent 来允许用户从已安装的应用列表里选择一个来完成这个分享过程。

允许用户选择他们自己的应用是一个非常好的主意，因为这可以减少需要开发的代码，比如，处理和第三方 API 连接部分，以及开发者协议、兼容性问题，但是却支持用户使用已经熟悉而且能高效使用的应用。需要记住一点，用户可能没有安装能响应尝试使用的 Intent 的应用。因此，有一个应急计划总是很明智的，应该检查系统是否有一个能处理你 Intent 的应用。

为了创建 Intent，需要取个名字并实例化，然后如果是显式的，还要提供给 Intent，它需要启动的 service 或 activity 信息。下面是一个创建显式 Intent 的例子：

```
Intent serviceIntent = new Intent(this, MyApplication.class);
```

如果要创建一个隐式 Intent，则不需要指定调用的 class：

```
Intent shareIntent = new Intent();
```

无论什么时候使用隐式 Intent，都要在系统里检查一下，确保有一个应用可以处理你的请求。这可以通过如下方式实现：

```
if (shareIntent.resolveActivity(getPackageManager()) != null) {
startActivity(shareIntent);
}
```

Intent Filter

通过在应用 manifest 文件里添加一个 <intent-filter> 元素，可以创建 Intent Filter。在 <intent-filter> 里，必须要有 <action> 、<data> 和 <category> 子元素。

下面是一个在应用 manifest XML 中包含的 activity 例子：

```
<activity android:name="SharingActivity">
  <intent-filter>
    <action android:name="android.intent.action.SEND"/>
```

```
    <category android:name="android.intent.category.DEFAULT"/>
    <data android:mimetype="text/plain"/>
  </intent-filter>
</activity>
```

通过声明 Intent Filter，可以允许其他应用访问你的应用（Activity 或 service）。建议尽量不要在应用里使用 Intent filter，以前提到过的，这样会把 service 暴露出来，有可能成为应用的一个安全隐患。

Broadcast Receiver

当 Intent 创建和发送之后，你的应用需要一种方式去获取它。这个是通过创建一个 broadcast receiver 来实现的。这个流程分为两步：首先要在类文件里创建一个 BroadcastReceiver，然后，在 manifest XML 文件里使用 <receiver> 注册这个类。当然，它要包含一个子元素 <intent-filter>。

下面的例子是一个 Java 类监听 Intent，然后调用时显示一个 toast 消息（提示）：

```
public class MyBroadcastReceiver extends BroadcastReceiver {
  @Override
  public void onReceive(Context context, Intent intent) {
     Toast.makeText(context, "Broadcast Received!", Toast.LENGTH_SHORT).
show();
    }
  }
```

要完成这个 broadcast receiver，下面这个例子展示了 manifest XML 文件里 <application> 元素的一个子元素 <receiver> 如何调用 onReceive() 函数：

```
<receiver android:name=".MyBroadcastReceiver">
  <intent-filter>
    <action android:name="com.dutsonpa.helloandroid.MyBroadcastReceiver" />
  </intent-filter>
</receiver>
```

注意：在 <action> 元素，名字设置为 Intent 创建时设置的值。如果初始化时没设置，名字可以使用 Intent 对象用的 setAction() 函数来设置。

Broadcast receiver 可以动态地在应用生命周期中根据需要来创建和销毁。这通过调用 registerReceiver() 和 unregisterReceiver() 来实现。使用这种方法，可以让 service 和 activity 只在需要的时候可见。另一个需要使用它们的地方是应用的 onResume() 和 onPause() 函数。下面的例子展示了如何在 onResume() 里使用 registerReceiver()，以及在 onPause() 里用 unregisterReceiver()：

```
@Override
protected void onResume() {
  super.onResume();
  registerReceiver(new MyBroadcastReceiver(),
      new IntentFilter(com.dutsonpa.helloandroid.MyBroadcastReceiver));
}

@Override
protected void onPause() {
  super.onPause();
  unregisterReceiver(MyBroadcastReceiver);
}
```

选择根据需要创建 broadcast receiver 还是把它们加到 manifest XML 文件里，取决于自己的个人偏好。但是，当刚开始的时候，把 broadcast receiver 加到 manifest 文件可能会更好一些，因为这样使用应用时可以获得一个 receiver 清单。选择动态注册还是静态注册时还需要考虑的一个因素是系统级的 Intent。

另一个创建应用用得非常多的组件是 Activity。

Activity

Activity 可以被简单地描述成应用的某一个界面。应用的主界面是一个 Activity，而选项界面是另一个 Activity。当激活运行时，每个 Activity 都是 layout、widget 和应用组件的基本组合。

一个应用可以包含多个 Activity，但是一次只能有一个处于焦点的 Activity。当 Activity 运行时，如果启动了一个新的 Activity，之前那个运行的 Activity 就停了，然后会把它放到返回栈里。如果第三个 Activity 被启动，第二个 Activity 也会被放到返回栈里，而且是在第一个 Activity 的上面。Activity 这样放到栈里是为了当用户在设备上按 "back" 按钮时，应用知道显示哪个 Activity。

创建一个 Activity

创建 Activity 分为两步：创建一个子类 Activity，然后把这个 Activity 加到应用 manifest 里。创建一个子类一般是通过扩展 Activity 或 ActionBarActivity 来实现的。可以在 Activity 类文件中这么做：

```
public class MainActivity extends Activity {
    // 这里是重载、变量、回调和方法
}
```

如果你的应用使用 action bar，可以改变这个类去扩展 ActionBarActivity：

```
public class MainActivity extends ActionBarActivity {
    // 这里是重载、变量、回调和方法
}
```

第二步是把 Activity 加到应用 manifest 文件里。可以把 <activity> 元素作为一个子元素加到 <application> 元素里。如果把 Activity 加到已经有 Activity 的工程里，则只需添加一个元素来指定新 Activity 的名字即可。在下面的例子中，我们创建了一个名字叫 OptionsActivity 的 Activity，然后把它添加到 manifest 里：

```
<application
  android:allowBackup="true"
  android:icon="@mipmap/ic_launcher"
  android:label="@string/app_name"
  android:theme="@style/AppTheme" >
  <activity
    android:name=".MainActivity"
    android:label="@string/app_name" >
    <intent-filter>
      <action android:name="android.intent.action.MAIN" />
      <category android:name="android.intent.category.LAUNCHER" />
    </intent-filter>
  </activity>
  <activity android:name=".OptionsActivity"/>
</application>
```

原始 Activity 的名字是 MainActivity，放在最前面，它有一些附加选项，比如 Intent filter。从这个例子可以看出，如果你的 Activity 不用任何 Intent filter，则不需要在应用 manifest 里把它列出来。

之前简单地提过，Activity 遵循一个生命周期。这个生命周期有助于保持整个安卓系统平稳运行，也有助于开发人员在提供给用户期望的体验时能读、写和维护数据完整性。

Activity 生命周期

Activity 生命周期是指所有的 Activity 使用的过程，为了被调用、运行逻辑，以及以结构化和可靠的方式完成。这有助于系统维持稳定和管理系统资源。一些方法（比如 finish() ）能在 Activity 里调用去强制关闭 Activity。但是，当要结束或者销毁一个 Activity 时，我们推荐让安卓系统去管理。

Activity 生命周期的每个阶段都有回调函数，并不需要在 Activity 逻辑里把它们都实现。但是，onCreate() 回调函数是需要的，而且 onPause() 也应该实现，这样就可以保存数据，或者是在 Activity 销毁的最后时刻执行一些操作。

为了想象 Activity 的生命周期流程是如何工作的，图 4.1 显示了 Activity 生命周期。

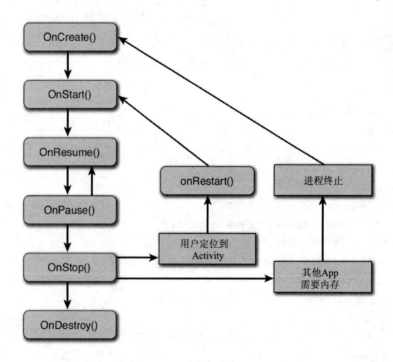

图 4.1   当一个 Activity 启动时，它会遵循在这个图中演示的周期。当 Activity 状态周期变化时，针对不同的状态，你可以重载这些函数去执行一些逻辑操作

代码清单 4.1 显示了一个 Activity，它包含 Activity 生命周期回调函数的逻辑，以及一些关于各个回调做什么的注释。

代码清单 4.1 Actwity 回调方法

```java
public class MainActivity extends ActionBarActivity {

    @Override
    protected void onCreate(Bundle savedInstanceState) {
        super.onCreate(savedInstanceState);
        /* 任何时候应用启动时都会调用这个 activity,
         * 任何你需要的变量和静态资源都应该在这个函数里创建
         */
        setContentView(R.layout.activity_main);
    }
    @Override
    protected void onStart() {
        super.onStart();
        // 这个函数应该在 onStop() 或 onResume() 之前运行
    }
    @Override
    protected void onResume() {
        super.onResume();
        // 这个函数刚好在 activity 正式运行之前被调用
    }
    @Override
    protected void onPause() {
        super.onPause();
        /* 当应用因为内存原因被终止时会执行这个函数,
         * 或者当 activity 被另一个 activity（比如一个电话）改变或打断时。
         * 这是用来保存数据和改变的函数
         */
    }
    @Override
    protected void onStop() {
        super.onStop();
        // 当 activity 停止但是没有销毁时执行这个函数
```

```
    }
    @Override
    protected void onDestroy() {
      super.onDestroy();
      // Activity 和它的数据销毁之前最后调用的函数
    }
  }
```

值得注意的是，从代码清单 4.1 可以看出，每个回调函数都是用一个 super 方法来扩展实现的。如果不用 super 函数会导致错误，你的应用编译时会失败。根据列表中每个方法注释描述的，每个回调都有不用的目的，它允许执行不同的操作。

提示

虽然也可以把最后的保存操作或数据处理放到 onDestroy() 函数里，但这对于做最后的工作来说是不合适的。取决于系统需要的资源，这个方法有可能会在你的操作之前执行，那将会导致应用处于一个破碎的状态。请尽量把数据保存工作放到 onPause() 回调里做。

另一个扩展 Activity 功能的组件是 Fragment。

Fragment

当第一个安卓平板出现在市场上时，它使用的是 Android3.0（Honeycomb），开发人员最初的想法是想看看怎么用 Fragment 来改变应用的布局和结构。用户最终看到的设备是有足够的空间用来显示超过一行的列表项或文本行。E-mail 应用可以在屏幕的三分之一区域显示邮件列表，而在另外三分之二区域显示一个大的预览窗口。最惊人的部分是同一个应用也可以在屏幕小一些的设备上运行，但却是全屏显示邮件列表，而单击时显示预览窗口。

当处理 Fragment 时，通过思考把 Activity 作为可重用模块，将可以获得最大收益。这导致把注意力集中放在创建完整的 Fragment 上面，它不要求或依赖其他 Fragment 的功能来工作。这也有一些额外的好处，它可以确保在那些只支持一次查看一个 Fragment 的设备上每个 Fragment 能像预期的那样运行。

创建一个 Fragment

创建一个 Fragment 类似于创建 Activity，但它们也有一些细微的差别。首先，要创建一个扩展 Fragment 类的子类。注意，不需要创建单独的类文件。如果有一个 Activity 在用 Fragment，则可以把 Fragment 的代码放在同一个类文件里。然后，需要实现至少几个 Fragment 生命周期函数。最后，如果想要你的 Fragment 有 UI，则需要返回一个 View。

和 Activity 一样，Fragment 也有生命周期回调函数。下面列出 Fragment 可以使用的函数：

- **onAttach()**：Fragment 初始化的第一个阶段。

- **onCreate()**：Fragment 创建时，这里的逻辑会被处理。

- **onCreateView()**：当包含这个 Fragment 的 Activity 从 Activity 栈返回时，这里的逻辑会被作为 resume 流程的一部分来执行。

- **onActivityCreated()**：包含这个 Fragment 的 Activity 已经完全创建出来或者 resume 了。

- **onStart()**：Fragment 开始时调用。

- **onResume()**：当出现 Fragment resume 时执行，这是 Fragment 激活之前最后一个改变逻辑的点。

- **onPause()**：当 Fragment 放到返回栈里时，这里的逻辑被处理。

- **onStop()**：Fragment 马上要被销毁了，这里的逻辑会执行。

- **onDestroyView()**：当前的 view 要把 Fragment 通过 onCreateView() 加载回到 Activity 的生命周期，或被销毁。

- **onDestroy()**：Fragment 马上要被销毁了，这是 Fragment 销毁和从 view 中 detach 之前最后一次改变逻辑的机会。

- **onDetach()**：Fragment 要被移除了，这是最后一个你能处理的 Fragment 销毁流程的部分。

Fragment 也包含一个生命周期。图 4.2 显示了 Fragment 生命周期如何工作。

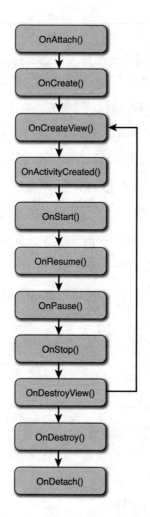

图 4.2　Fragment 也有一个生命周期，与 Activity 类似，其中的回调函数都可以重载。但是，Fragment 移
　　　到栈底或栈顶的流程是不一样的

当使用 Activity 时，不需要使用所有的生命周期回调函数，但是我们还是鼓励至少包
含 create 和 onPause() 中的一个函数。下面是一个 Fragment 类的例子：

```
public class PlaceholderFragment extends Fragment {

    public PlaceholderFragment() {
    }

    @Override
```

```
public View onCreateView(LayoutInflater inflater, ViewGroup container,
 Bundle savedInstanceState) {
    View rootView = inflater.inflate(R.layout.fragment_main, container,
false);
    return rootView;
}

@Override
public void onPause() {
    super.onPause();
    // 处理 fragment 数据的逻辑应该放在这里
}
}
```

在 onCreateView() 函数里，它结合 ViewGroup 使用了 LayoutInflater。这是为了从
Fragment 里把 UI 加到最终的 layout 上。当 return rootView 执行时，它会发生，因为为
了正确地把 Fragment 作为一部分加入 layout，layout 会要求返回一个 View。

onPause() 函数的存在显示了 Fragment 和 Activity 逻辑的相似性。就像 Activity 里应
该把保存逻辑放到 onPause() 回调函数那样，对于 Fragment，也应该做同样的事情。这样，
这个逻辑就有时间确保完成，而不是依赖于 onDestroyView() 或 onDestroy() 回调函数。

创建 Fragment 之后，要把 Fragment 加入到 Activity 的 layout XML 文件。简单地说，
这个可以通过在 layout 里添加一个带有相关设置属性的 <fragment> 元素来完成，当然它
主要取决于你选择的 layout 和 Fragment 实现而不同。下面是一个 layout XML 例子，其中
包含有两个 Fragment：

```
<LinearLayout xmlns:android="http://schemas.android.com/apk/res/android"
  android:orientation="horizontal"
  android:layout_width="match_parent"
  android:layout_height="match_parent">

<fragment android:name="com.cookbook.fragments.ItemFragment"
  android:id="@+id/item_fragment"
  android:layout_weight="1"
  android:layout_width="0dp"
  android:layout_height="match_parent" />
```

```
<fragment android:name="com.cookbook.fragments.TextFragment"
  android:id="@+id/text_fragment"
  android:layout_weight="2"
  android:layout_width="0dp"
  android:layout_height="match_parent" />

</LinearLayout>
```

与 Fragment 通信

　　虽然 Fragment 应该作为单独的模块来创建和处理，但是它们可能需要传数据给正在加载这个 Fragment 的 Activity。Fragment 可以通过使用 getActivity() 方法来获取 Activity 里的对象。View 可以通过链接 findViewById() 方法到 getActivity() 来获取。例如，Activity 里的 ListView 可以通过下列代码从 Fragment 中读取：

```
View listView = getActivity().findViewById(R.id.list);
```

　　如果需要把数据从 Fragment 传给 Activity，则要通过 Fragment 里的一个公共接口创建一个回调函数。在创建接口之后，可以扩展 Activity 来包含它。

　　下面是介绍这个 Fragment 里的公共接口的一个例子：

```
public interface OnItemSelectedListener {
  public void onItemSelected(int position);
}
```

　　现在这个接口已经创建好了，可以把它加到 Activity 里，然后通过实例化的方式来访问它。下面是一个例子，它是从一个添加了那个接口的 Activity 里摘出来的，我们可以创建一个对象来使用它：

```
public class MainActivity extends FragmentActivity
    implements ItemFragment.OnItemSelectedListener {

  //...
    ItemFragment firstFragment = new ItemFragment();
  //...

    @Override
  public void onAttach(Activity activity) {
    super.onAttach(activity);
```

```
     try {
       mListener = (OnItemSelectedListener) activity;
     } catch (ClassCastException e) {
         throw new ClassCastException(activity.toString() + " must
implement OnItemSelectedListener");
     }
   }


   }
```

请注意，在以前的代码中，`ItemFragment` 应该从 Activity 生命周期回调函数（比如 `onCreate()`）里调用。这次我们也添加了回调函数 `onAttach()`。在 `onAttach()` 函数中，我们加了一个 try/catch 语句来帮忙检测这个接口是否已经实现。因为这种伪代码非常短，所以，如果没有实现那个接口，就很容易被发现。但是，有可能会有成百上千行代码，因此，有可能不确定是否实现了那个接口。try/catch 迟早会用上，因为有可能会得到一个 exception，它会告诉哪个 Activity 以及哪个接口漏掉了。如果接口实现正确，`mListener` 会被定义用来从 Fragment 传输事件给 Activity。

另一个用来加载数据到 Fragment 或 Activity 的方法是使用 Loader。

Loader

Loader 是一个可以用在 Activity 和 Fragment 上的非常好的组件。Loader 有能力异步收集数据并提供。它还可以监测变化，这在 Fragment 里非常好用，因为它可以轮询一个变化。

因为可能用到很多个 Loader，我们使用一个 LoaderManager 来管理 Activity 或 Fragment 里用到的部分。这个可以通过调用 `getLoaderManager()` 来完成，然后使用 `initLoader()` 来确保 Loader 已经创建，如果以前已经创建好了，就复用它。为了确定 Loader 是否已经创建，我们把一个 ID 传给 `initLoader()` 方法。下面是其用法：

```
getLoaderManager().initLoader(0, null, this);
```

这里，0 是 loader 的 ID，null 值传递以替代额外的参数，使用 this 是因为 `initLoader()` 需要 `LoaderManager.LoaderCallbacks` 的实现。

有些情况下，可能需要复用 Loader，但是需要丢弃以前的数据。这可以通过在状态改变函数里调用 `restartLoader()` 来实现。语句如下：

```
getLoaderManager().restartLoader(0, null, this);
```

LoaderCallbacks 的实现一般是通过 Cursor 来完成的。下面是一个 Fragment 类实现的例子：

```
public class MyFragment extends Fragment
    implements LoaderCallbacks<Cursor> {

  // Fragment 类代码
}
```

若要管理连接、数据和清理工作，需要实现 LoaderCallbacks 中的三个函数：onCreateLoader()、onLoadFinished() 和 onLoaderReset()。当 initLoader() 被调用时，它会自动调用 onCreateLoader()。因为以前的例子用过 CursorLoader，这里就给一个例子介绍如何使用 CursorLoader 来用 onCreateLoader()：

```
public Loader<Cursor> onCreateLoader(int id, Bundle args) {
  CursorLoader loader = new CursorLoader(
    this.getActivity(),
    CONTENT_URI,
    projection,
    selection,
    selectionArgs,
    sortOrder);
  return loader;
}
```

在前面的例子中，CursorLoader 对象被创建和填充，然后返回。一些开发人员认为单独创建变量，然后返回和同时声明新对象可能更容易。这是程序员的偏好，你应该选择适合自己编程风格和习惯的方式。

当一个 load 完成时，onLoadFinished() 会被调用。这个是可以确保执行的，因此，它是一个做数据管理的好地方。但是，不应该在这里关闭 cursor，因为 Loader 会自己处理它。下面是一个关于数据交换而不关闭 cursor 的例子：

```
SimpleCursorAdapter myAdapter;

public void onLoadFinished(Loader<Cursor> loader, Cursor data) {
  myAdapter.swapCursor(data);
```

```
}
```

当以前创建的 Loader 被复位而不是复用时，`onLoaderReset()` 回调函数会被用到。使用这个方法是非常直接的，因为它只依赖于读取保存数据的适配器，然后对它调用 `swapCursor()`，并把 null 值传过去。下面是复位 `SimpleCursorAdapter` 的一个例子：

```
SimpleCursorAdapter myAdapter;

public void onLoaderReset(Loader<Cursor> loader) {
  myAdapter.swapCursor(null);
}
```

总结

在本章中，你学到了 Intent，以及如何用它们启动各个不同的进程和与安卓系统通信。有显式和隐式两种 Intent，每个都有自己的好处。Intent filter 允许你的应用响应其他应用的 Intent 调用。这对用户想用其他应用的功能是非常有帮助的。

你还学到了 Activity，以及每个 Activity 如何被当作你的应用的一个显示屏。Activity 是使用 Java 创建的，然后再加到应用 manifest XML 里。你还会了解到，Activity 有一个生命周期，我们可以用这个来管理它们的交互，以及如何用回调函数来访问生命周期。这些回调函数有助于确保数据完整性得到维护和用户有一个无缝的体验。

你还了解到 Fragment，以及如何用它们来通过合并创建充分使用屏幕可用空间的应用，或者是把 Activity 变成一个共同的 Activity，还有 Activity、Fragment，以及它的生命周期和回调函数。当然，Fragment 之前可以相互通信和互相传递数据。

最后，你会学到 Loader 和它在异步获取数据中扮演的角色，我们可以把它用于 Activity 或 Fragment，以及如何创建、复用，甚至复位它们。

5

View

在整个安卓系统中，view 可能是用得最多的。view 几乎是搭建每个 UI 的核心模块，它们是多种多样的，因此 view 被用来作为 widget 的基础。在本章中，你会学到如何使用和创建自己的 view。

View 类

view 是一个通用术语，它是指用于 UI 里而有一些特定任务的东西。简单添加一个按钮就是添加一个 view。一些 widget，比如 Button、TextView 和 EditText 都是不同的view。

看看下面的代码，它表明一个按钮就是一个 view：

```
Button btnSend = (Button) findViewById(R.id.button);
```

可以看到我们定义了一个 Button 对象，然后把应用 layout XML 文件的一个 view 赋值给它。findViewById() 方法用定位准确的 view。这个代码片段用于寻找给定 id 的button 的 view。下面是 layout XML 中 button 创建的元素：

```
<Button
  android:layout_width="wrap_content"
  android:layout_height="wrap_content"
  android:text="@string/button_text"
  android:id="@+id/button"
  android:layout_below="@+id/textView"
  android:layout_centerHorizontal="true" />
```

虽然在 XML 中的这个元素是 <Button>，但我们仍然认为它是一个 view。这是因为

Button 是一个 View 的非直接子类。**API level 21** 里的 View 一共有超过 80 个非直接子类。View 有 11 个直接子类：AnalogClock、ImageView、KeyboardView、MediaRouteButton、ProgressBar、Space、SurfaceView、TextView、TextureView、ViewGroup 和 ViewStub。

AnalogClock 子类

AnalogClock 是一个复杂的 view，它用来显示一个模拟时钟，带有一个分针和一个时针显示当前时间。

用下列元素可以把这个 view 加入到你的 layout XML：

```
<AnalogClock
  android:layout_width="wrap_content"
  android:layout_height="wrap_content"
  android:id="@+id/analogClock"
  android:layout_centerVertical="true"
  android:layout_centerHorizontal="true" />
```

使用 onDraw(Canvas canvas) 函数可以把这个 view 捆绑到一个 surface，而且它的大小可以根据目前显示的屏幕使用下面的函数进行缩放：

```
onMeasure(int widthMeasureSpec, int heightMeasureSpec)
```

请注意，如果决定重载 onMeasure() 函数，必须调用 setMeasuredDimension(int, int)。否则，它会抛出一个 IllegalStateException 错误。

ImageView 子类

ImageView 是一个非常方便的类，它用来显示图像。它非常智能，可以做一些简单的数学来识别出正在显示的图像的维度，因而可以用于任何 layout 管理器。它也允许做颜色调整和图像缩放。

下列语句可以把 ImageView 加到你的 layout XML 中：

```
<ImageView
  android:layout_width="wrap_content"
  android:layout_height="wrap_content"
  android:id="@+id/imageView"
  android:src="@drawable/car"
```

```
android:layout_centerVertical="true"
android:layout_centerHorizontal="true" />
```

为了显示多张图像，你可以在一个 layout 里使用多个 ImageView。类似于其他 view，你可以捆绑一些事件（比如单击事件）来触发其他行为。这可能比让用户去单击一个按钮或者使用另外一个 widget 去完成一个 action 更有利，当然，这也取决于你创建的应用。

KeyboardView 子类

KeyboardView 是最有意思的 view 之一，它是安卓系统里的双刃剑组件之一。使用 KeyboardView 可以创建你自己的键盘。Google Play Store 里有一些键盘，你现在就可以下载，然后在安卓设备上使用，它们都是基于使用 KeyboardView 实现的。

问题是使用一个定制的键盘应用意味着所有的数据输入都要经过它。每次按键都要经过那个应用，这个感觉是在戳有安全意识的人的脊梁。但是，如果是一个企业级的开发者，则需要一个定制键盘来协助数据输入，那么这个正好就是你正在寻找的东西。

> **注意**
>
> KeyboardView 要求为你的设备创建一个新的输入类型，而且所有的程序都可以访问这个键盘。这意味着用户有可能选择不用你的键盘，甚至关闭它。

创建自己的键盘是一个复杂的过程，步骤如下：

- 在应用 manifest 里创建一个 service。
- 为键盘服务创建一个类。
- 为键盘加一个 XML 文件。
- 编辑 strings.xml 文件。
- 创建键盘 layout XML 文件。
- 创建一个预览 TextView。
- 创建你的键盘 layout 并赋值。

KeyboardView 有几个函数，你可以重载它们并给键盘添加功能：

- onKey()
- onPress()

- onRelease()

- onText()

- swipeDown()

- swipeUp()

- swipeLeft()

- swipeRight()

你不需要重载所有的函数，有可能只需要使用 onKey() 函数。

MediaRouteButton 子类

MediaRouteButton 是兼容库的一部分，通常在使用 Cast API 时用到它们。主要是你需要把多媒体重定向到无线显示或者 ChromeCast 设备的地方。这个 view 是按钮，用来允许用户选择把 media 发送到哪里。

请注意，根据 Cast 的设计原则，这个按钮必须是最高级别的。这意味着你可以把按钮作为菜单的一部分，或者 ActionBar 的一部分。创建按钮之后，必须用 .setRouteSelector() 方法，否则它会抛出异常。

首先，需要加一个 <item> 到菜单 XML 文件。下面是 <menu> 元素里一个 <item> 的例子：

```
<item
android:id="@+id/mediaroutebutton_cast"
android:actionProviderClass="android.support.v7.app.
MediaRouteActionProvider"
android:actionViewClass="android.support.v7.app.MediaRouteButton"
android:showAsAction="always"
android:visible="false"
android:title="@string/mediaroutebutton"/>
```

现在已经创建了菜单项，接下来需要打开 MainActivity 类并使用下列 import：

```
import android.support.v7.app.MediaRouteButton;
```

接下来，要在 MainActivity 类里声明它：

```
private MediaRouteButton myMediaRouteButton;
```

最后，把 MediaRouteButton 的代码加到菜单的 onCreateOptionsMenu() 函数。记住，

必须在 `MediaRouteButton` 上使用 `setRouteSelector()`。下面是关于如何完成它的一个例子：

```
@Override
public boolean onCreateOptionsMenu(Menu menu) {
    super.onCreateOptionsMenu(menu);
    getMenuInflater().inflate(R.menu.main, menu);

    myMediaRouteItem = menu.findItem(R.id.mediaroutebutton_cast);
    myMediaRouteButton = (MediaRouteButton) myMediaRouteItem.
getActionView();
    myMediaRouteButton.setRouteSelector(myMediaRouteSelector);
    return true;
}
```

ProgressBar 子类

进度条是一个非常熟悉的 UI 元素。它用来表明某些事情正在发生，以及这个事情目前完成了多少。并不是说我们总能知道一个行动要花多长时间；幸运的是，ProgressBar 可以用在不确定的模式下。这可以显示一个动画圆圈，它一直在动，但不给出一个负载状态的精确测量。

若要添加一个 ProgressBar，应把这个 view 加到 layout XML 中。下面显示了如何添加一个正常的 ProgressBar：

```
<ProgressBar
  android:layout_width="wrap_content"
  android:layout_height="wrap_content"
  android:id="@+id/progressBar"
  android:layout_centerVertical="true"
  android:layout_centerHorizontal="true" />
```

也可以用其他风格的 ProgressBar。如要改变风格，需要加一个属性到 `<ProgressBar>` 元素。可以用下列风格：

```
Widget.ProgressBar.Horizontal
Widget.ProgressBar.Small
Widget.ProgressBar.Large
Widget.ProgressBar.Inverse
```

```
Widget.ProgressBar.Small.Inverse
Widget.ProgressBar.Large.Inverse
```

根据实现的不同，你可以通过 styles.xml 或 attrs.xml 来使用自己的 style。对于 styles.xml，你可以这么用：

```
style="@android:style/Widget.ProgressBar.Small"
```

如果在 attrs.xml 文件中有自己的风格，并且想把它用到进度条中，则需要在 <ProgressBar> 元素里使用下列元素：

```
style="?android:attr/progressBarStyleSmall"
```

如果打算在不确定的模式下使用，则需要传一个属性 android:indeterminate 到 <ProgressBar> 元素。你还可以通过设置 android:indeterminateDrawable 为你选的一个 resource 指定加载动画。

确定性的 ProgressBar 要求通过 setProgress() 或 incrementProgressBy() 函数来传递进度更新。这些方法可以从一个工作线程调用。下面的例子展示了一个使用 Handler 的线程、一个 int 用于保存进度值，以及一个初始化的 ProgressBar：

```
new Thread(new Runnable() {
  public void run() {
    while (myProgress < 100) {
      myProgress = doWork();
      myHandler.post(new Runnable() {
        public void run() {
          myProgressBar.setProgress(myProgress);
        }
      });
    }
  }
}).start();
```

Space 子类

对于已经用过 layout 和可视化界面的人来说，Space 这个 view 既有用，又是噩梦。它是保留的 view，用来给其他 view 和 layout 对象之间添加空白区域的。

使用 Space 的好处在于它是一个轻量级的 view，很容易插入或者修改以满足我们的需求，而不需要设定一个绝对的 layout，或额外花时间去搞清楚在复杂的 layout 上相对空白区域如何工作。

通过下列代码可以把添加一个 Space：

```
<Space
  android:layout_width="1dp"
  android:layout_height="40dp" />
```

SurfaceView 子类

SurfaceView 用于渲染图像到屏幕。这可能是很复杂的，比如，提供一个实时摄像机的回放 surface，或者是用于在一个透明的 surface 上渲染图像。

SurfaceView 主 要 有 两 个 可 以 利 用 的 回 调 函 数 在 扮 演 生 命 周 期 的 角 色：SurfaceHolder.Callback.surfaceCreated() 和 SurfaceHolder.Callback.surfaceDestroyed()。在这些方法之间的时间是用来处理 surface 上的画图工作的。如果不这么做，有可能会导致你的应用崩溃，并且动画线程失去同步。

通过下面的代码可以添加 SurfaceView：

```
<SurfaceView
  android:id="@+id/surfaceView"
  android:layout_width="match_parent"
  android:layout_height="match_parent"
  android:layout_weight="1" />
```

根据使用 SurfaceView 方法的不同，你可能需要下列回调函数：

- surfaceChanged()
- surfaceCreated()
- surfaceDestroyed()

每个回调函数都给你机会去初始化值，并改变它们。更重要的是，当它释放时能清理一些系统资源。如果你在使用 SurfaceView 来从摄像头设备渲染视频，有一点非常重要，你要在调用 surfaceDestroyed() 方法时释放对摄像头的控制。如果没有释放摄像头，当你在其他应用中尝试去恢复摄像头的使用时，或者是当你的应用恢复时，它会抛出错误。这是因为打开资源的实例个数是非常有限的，这时它被标记为在使用中。

TextView 子类

TextView 可能是加到你项目中的第一个 view。如果你在 Android Studio 中根据默认选项创建了一个新项目，就会看到一个包含 TextView 的项目，它有一个字符串值 "Hello World" 在里面。

如要添加一个 TextView，则需要把下列代码加到 layout XML 中：

```
<TextView
  android:text="@string/hello_world"
  android:layout_width="wrap_content"
  android:layout_height="wrap_content" />
```

注意，在上面的例子中，TextView 的值是从 @string/hello_world 里获取的。这个值位于 strings.xml 文件，它是在工程的 res/values 目录下。其在 strings.xml 的定义如下：

```
<string name="hello_world">Hello world!</string>
```

TextView 也包含大量选项，可以用来帮助格式化、调整，以及在应用中显示文字。对于完整的属性列表，请访问 http://developer.android.com/reference/android/widget/TextView.html。

TextureView 子类

TextureView 类似于 SurfaceView，但是它的不同之处在于和硬件加速直接相连。OpenGL 和视频都可以渲染到 TextureView，但如果硬件加速不用于渲染，什么都不会发生。与 SurfaceView 相比，TextureView 的另一个不同是它可以当作 View 对待。这允许你设置各种不同的属性，比如透明度。

类似于 SurfaceView，针对 TextureView，为了确保功能正确，你也要使用一些函数。首先，要创建 TextureView，然后在调用 setContentView() 之前使用 getSurfaceTexture() 或者 TextureView.SurfaceTextureListener。

当使用 TextureView 时，也要用回调函数来做逻辑处理。这些回调函数中最重要的一个是 onSurfaceTextureAvailable()。由于 TextureView 一次只允许一个 content provider 来操作它，onSurfaceTextureAvailable() 方法也可以用来处理 IO 异常，并确保你实际上可以写它。

onSurfaceTextureDestroyed() 方法也应该用来释放 content provider 去阻止应用和资源崩溃。

ViewGroup 子类

ViewGroup 是一种特殊的 view，它是用来把多个 view 合并成一个 layout。这对于创建独特的定制 layout 非常有用。这些 view 也叫复合 view，虽然它们很灵活，但是有可能会降低性能，而且渲染效果不佳，主要基于包含的子元素个数，以及需要的处理 layout 参数的数量。

CardView

CardView 是 ViewGroup 的一部分，它是在 Lollipop 上作为 v7 支持库的一部分引入的。这个 view 可以用 Material Design 界面在卡片上显示 view。这是以 Material 风格来显示紧凑信息的一个很好的方式。如要用 CardView，可以加载支持库，然后把 view 元素封装在它里面。下面是一个例子：

```
<RelativeLayout
  xmlns:android="http://schemas.android.com/apk/res/android"
  xmlns:tools="http://schemas.android.com/tools"
  android:layout_width="match_parent"
  android:layout_height="match_parent"
  android:paddingLeft="@dimen/activity_horizontal_margin"
  android:paddingRight="@dimen/activity_horizontal_margin"
  android:paddingTop="@dimen/activity_vertical_margin"
  android:paddingBottom="@dimen/activity_vertical_margin"
  tools:context=".MainActivity">

<android.support.v7.widget.CardView
  xmlns:card_view="http://schemas.android.com/apk/res-auto"
  android:id="@+id/card_view"
  android:layout_gravity="center"
  android:layout_width="200dp"
  android:layout_height="200dp"
  card_view:cardCornerRadius="4dp"
  android:layout_centerVertical="true"
  android:layout_centerHorizontal="true">
```

```
    <TextView android:text="@string/hello_world"
      android:layout_width="wrap_content"
      android:layout_height="wrap_content" />
    </android.support.v7.widget.CardView>
</RelativeLayout>
```

这个例子在屏幕中央显示一张卡片。颜色和圆角半径可以通过 <android.support.v7.widget.CardView> 元素中的属性进行修改。使用 card_view:cardBackgroundColor 可以修改背景颜色，使用 card_view:cardCornerRadius 可以修改圆角半径。

> **注意**
>
> 如要使用 CardView 支持库，则需要修改 Gradle 编译文件。需要把下面的代码加到 build.gradle 文件中的 dependencies 部分：
>
> ```
> dependencies {
>     compile 'com.android.support:cardview-v7:21.+'
> }
> ```
>
> 当然，你应该修改上面那行最末尾的版本号，并与你的项目目标一致。

RecyclerView

RecycleView 也是作为 v7 支持库的一部分加入到 Lollipop 中的。这个 view 是老的 ListView 的替代者。它提供了使用 LinearLayoutManager、StaggeredLayoutManager 和 GridLayoutManager 的能力，以及动画和 decoration 支持。下面的语句是如何把这个 view 加到你的 layout XML 中：

```
<android.support.v7.widget.RecyclerView
    android:id="@+id/my_recycler_view"
    android:scrollbars="vertical"
    android:layout_width="match_parent"
    android:layout_height="match_parent"/>
```

类似于 ListView，在你把 RecycleView 加到 layout 中之后，需要实例化它，把它连接到 layout 管理器，以及创建一个显示数据的适配器。

你可以这样实例化 RecycleView：

```
myRecyclerView = (RecyclerView) findViewById(R.id.my_recycler_view);
```

下面的语句是如何连接到 layout 管理器，它使用的是 LinearLayoutManager，这是

v7 支持库的一部分：

```
myLayoutManager = new LinearLayoutManager(this);
myRecyclerView.setLayoutManager(myLayoutManager);
```

剩下的是通过适配器把数据绑定到 RecycleView。下面介绍如何完成这个：

```
myLayoutManager = new LinearLayoutManager(this);
myRecyclerView.setLayoutManager(myLayoutManager);
```

ViewStub 子类

ViewStub 是一个特殊的 view，它用来在保留的空间上根据需要创建 view。ViewStub 可以放在 layout 上的任何一个你想晚一点放 view 或者其他 layout 元素的地方。当 ViewStub 显示时，要么通过 setVisibility(View.VISIBLE) 设置它的 visibility，要么使用 inflate() 方法，它会被删掉，然后，它指定的 layout 会被插入到相应的页面。

下面的语句是如何在 layout XML 文件里使用 ViewStub：

```
<ViewStub
    android:id="@+id/stub"
    android:inflatedId="@+id/panel_import"
    android:layout="@layout/progress_overlay"
    android:layout_width="match_parent"
    android:layout_height="wrap_content"
    android:layout_gravity="bottom" />
```

当 ViewStub 被 inflate 时，它会使用 android:layout 属性指定的 layout。然后，新创建 (inflate) 出来的 view 可以在代码里通过 android:inflatedId 属性指定的 ID 来访问。

创建一个定制的 View

当开发自己的应用时，可能需要一个默认没有的 view。这时有两个选项：给你自己定制的 view 创建一个类，或者扩展现有的一个 view。

如要创建自己的 view，则需要创建一个新的类，扩展自 View，而且至少要重载一个函数。当然，你也要添加变量和必要的逻辑来处理加到 view 的定制属性。下面的例子介绍了带有定制属性和值的定制 view。

```
public class MyView extends View {
  private int viewColor, viewBgColor;

  public MyView(Context context, AttributeSet attrs) {
    super(context, attrs);

    TypedArray a = context.getTheme().obtainStyledAttributes(attrs,
      R.styleable.MyView, 0, 0);

    try {
      viewColor = a.getInteger(R.styleable.MyView_viewColor);
      viewBgColor = a.getInteger(R.styleable.MyView_viewBgColor)
    } finally {
      a.recycle();
    }

    @Override
    protected void onDraw(Canvas canvas) {
      // 绘制 view
    }
  }
}
```

当你使用应用的 layout XML 时，可以通过 XML 来传值。这可以通过添加一个 XML 文件到 res/values 目录来实现。这个目录的 <resources> 有一个子元素 <declare-styleable>。下面是一个定制 view 的 XML 例子：

```
<?xml version="1.0" encoding="utf-8"?>
<resources>
  <declare-styleable name="MyView">
    <attr name="viewColor" />
    <attr name="viewBgColor" />
  </declare-styleable>
</resources>
```

现在可以把定制 view 加到应用的 layout 里，但需要加一个属性，以便它找到定制 view。这可通过添加下面一行代码实现：

```
xmlns:custom="http://schemas.android.com/apk/res/com.dutsonpa.
```

mycustomview"

请注意，你需要修改 com.dutsonpa.myview 的值，可以用自己的 package 名替换它，以便和你的命名空间一致。一旦你把那个加到 layout 元素，就可以添加自己的定制 view。这可以通过引用 package，然后调整和设置你想用的值来实现。下面是一个相关的例子：

```
<com.dutsonpa.mycustomview.myview
  android:id="@+id/"
  custom:viewColor="#33FF33"
  custom:viewBgColor="#333333" />
```

请注意，安卓属性是可以使用的，而且，你的定制属性要通过 custom:valueName 来使用。这提供了一定的灵活性，你可以把一些内置的功能和定制的属性混合使用。

最后一件事情是给你的属性添加 get 和 set 方法，语句如下：

```
public void getViewColor() {
  return viewColor;
}

public void getViewBgColor() {
  return viewBgColor;
}

public void setViewColor(int newViewColor) {
  viewColor=newViewColor;
  invalidate();
  requestLayout();
}

public void setViewBgColor(int newViewBgColor) {
  viewBgColor=newViewBgColor;
  invalidate();
  requestLayout();
}
```

通过使用 invalidate() 和 requestLayout() 方法，layout 会被用 onDraw() 方法强制重画，当然；这是定制 view 使用的。

总结

在本章中，你学到了什么是 view，以及怎么在应用中使用它们。view 有很多个子类，它们可以直接使用，也能通过创建一个定制 view 来进行扩展。

你了解了这些主要的子类和如何在应用 layout XML 文件中实现它们，以及一些相关支持代码。

你也学到了安卓 Lollipop 上引入的两个 view：CardView 和 RecyclerView。这些 view 是比较复杂的 ViewGroup，它们有助于以 Material design 的风格显示数据，而且更新老的 ListView。

6
Layout

安卓应用是可以看得见、摸得着，以及和人交互的。为了实现这一目的，你需要创建一个 layout，以供应用用来给用户显示界面。有几种方法可以创建 layout，在本章，我们将介绍各种不同的 layout，以及如何在应用里使用它们。

Layout 基础

你有两种方法控制应用使用的 layout。根据第 5 章所学的，我们可以以编程的方式来创建 View 和 ViewGroup 并编辑它们。一些开发人员可能使用这种方式创建和销毁 layout，但是应用的 layout 也可以通过 XML 创建。

当你在 Android Studio 中创建一个新项目时，会在 res/layout 目录下发现一个依据 Activity 命名的文件。如果你的 Activity 名字叫作 "main"，你会看到一个文件 activity_main.xml。如果你不使用 Android Studio，或者你想创建自己的 layout 文件，这可以通过在同一个目录 res/layout 下创建 XML 文件实现，然后在 Activity 类中引用它即可。下面的例子是在 Activity 类的 onCreate() 函数里引用这个文件：

```
@Override
protected void onCreate(Bundle savedInstanceState) {
    super.onCreate(savedInstanceState);
    setContentView(R.layout.custom_main.xml);
}
```

这个示例代码里最重要的部分是 setContentView(R.layout.custom_main.xml);它展示了如何引用和使用 custom_main.xml。通过改变引用的文件，你可以使用不同的 layout 文件。刚开始看上去这个用处可能不大，但是，如果你刚好在试验几个不同的

layout，就可以对它们进行快速切换，而不需要复制 / 粘贴或复制到你现有的 layout 文件。

Layout Measurement

Layout XML 结构是非常简单的 XML 语法，它包含一些可以用来帮助定义 layout 和子对象如何显示的属性。在这些实例中，你应该尽最大努力来使用密度无关像素（density-independent pixel，简称 dp），而不是像素值（pixel，简称 px）。

你应该尽量避免使用 px 单位的原因是因为当你在各种不同的设备上工作时，可能会发现不是所有的像素都是相同的。在移动设备流行之前，大部分使用电脑的监视器的像素密度大体上是彼此相同的。这导致我们使用一个非常标准的单位来计量，因为这些像素都是简单的 1:1 比例。事情变得很混乱，尤其是当很多硬件制造商发现他们可以创建小一些的屏幕，它的像素大概是标准像素占用空间的一半时，计算像素的比例就突然变成了 2:1。它能把非常详细的图像和屏幕视觉以很高的清晰度显示出来。这是好还是不好？有待考证，但是，提高像素密度不会停在 2:1。实际上，现在有很多设备的像素比例是 3:1、4:1，或者更高。图 6.1 说明了不同的分辨率和像素密度比例在设备上的问题。

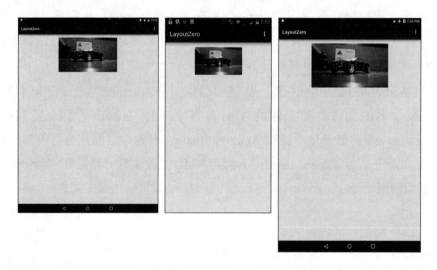

图 6.1   图片设置为 640px×360px，但是它在 9" 281ppi 平板（左）、5" 565ppi 手机（中间）和 8" 283ppi 平板（右）上显示大小不一样

为了缓解这个特殊问题，我们提出了密度无关像素。这个计量单位是建立在一个小的额外的数学式上来计算屏幕的像素密度，以及根据输入 layout 或对象占用的以 dp 为单位的数字来执行。这通过始终返回像素的准确数字来解决像素计量问题。

你可能会发现即使在开发过程中使用 dp 单位，你的设计或 layout 也不适合，或者在非常大的或小的屏幕上看上去非常奇怪。从 Android 3.2 开始，屏幕都会根据其包含的 dp 数量进行分组。这样你就可以使用不同的 layout 文件去适配并查看应用的屏幕。

大小分组如下：

- **ldpi**：120dpi

- **mdpi**：160dpi

- **hdpi**：240dpi

- **xhdpi**：320dpi

- **xxhdpi**：480dpi

- **xxxhdpi**：640dpi

使用这些分组不但可以提供 layout，还可以提供别的资源，比如图片。为了做到这一点，需要创建目录，把想要加载的和屏幕尺寸相匹配的资源放到目录下。举个例子，如果你想要给 extra-dense 的设备提供一个特殊的 layout，应该在 /res 目录下创建一个叫作 layout-xhdpi 的目录。然后你就可以把 layout XML 文件放到那里。请注意，它必须要和 /res/layout 目录里的 layout XML 文件同名。

当你在 layout 里定义元素的大小时，你应该了解 wrap_content 和 match_parent 设置。当你有一个元素的尺寸是动态的时候，你可能想要用 wrap_content，因为这允许 view 或 widget 根据它包含的内容自动扩展。如果想限制内容不超过父容器或 view group，可以使用 match_parent。

处理文本时，应该使用比例无关像素（scale-independent pixels，简称 sp），它会根据用户首选项以及设备屏幕密度自动缩放显示字体大小。因为 sp 单位会考虑用户首选项，所以当设置 layout 维度时使用它不是一个安全的计量单位。

Layout 坐标

每个 layout 类型或 container 都有一种方式来让你放置具体的条目。但是，你也可以调用 getTop() 和 getLeft() 函数以编程序的方式来获取具体的位置信息。类似于 Web 开发者如何定位元素，view 被定义为矩形对象，它放置在 X/Y 轴，左上顶角是 0。图 6.2 显示了一个位于 X/Y 轴上（0,0）的 view。

你可以用 getBottom() 和 getRight() 来找到 view 的右下底角。这些函数都是非常有用的，因为我们可以把这两个函数组合起来快速定位 view 的位置。getBottom() 是使用 getTop()+getHeight() 的快捷方式。getRight() 是使用 getLeft()+getWidth() 的快捷方式。

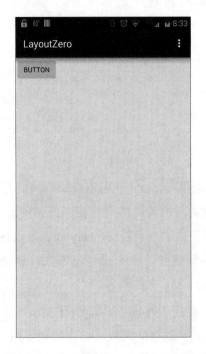

图 6.2   使用 getTop() 或 getLeft() 都会返回 0，因为这个 view 放在左上顶角位置

现在你意识到添加元素到 layout XML 中时用到的属性和值，是时候学习应用中使用的各种不同的 layout 风格了。

Layout Container

每个 layout 都是从一个基本的 container 开始的，你可以用子 view 来填充它。每个 layout 风格都有使用它的原因，以及为什么它不是你应用的最佳选择的理由。在本节，你会学到 linear、relative、table 和 frame layout，以及 WebView，它是一个用来显示 web 内容的特殊 container。

Linear Layout

Linear layout 是以它用来调整子元素对齐方向的方式命名的。你可使子元素水平对齐或垂直对齐。这个方向是通过调整 <LinearLayout> 元素里的 android:orientation 属性值来实现的。下面是一个针对按钮和文本使用 linear layout 的 layout XML 文件的内容：

```xml
<LinearLayout xmlns:android="http://schemas.android.com/apk/res/android"
  xmlns:tools="http://schemas.android.com/tools"
  android:layout_width="match_parent"
  android:layout_height="match_parent"
  android:paddingLeft="@dimen/activity_horizontal_margin"
  android:paddingRight="@dimen/activity_horizontal_margin"
  android:paddingTop="@dimen/activity_vertical_margin"
  android:paddingBottom="@dimen/activity_vertical_margin"
  tools:context=".MainActivity"
  android:orientation="vertical">

  <Button
    android:layout_width="match_parent"
    android:layout_height="wrap_content"
    android:text="Button 1"/>
  <Button
    android:layout_width="match_parent"
    android:layout_height="wrap_content"
    android:text="Button 2"/>
  <Button
    android:layout_width="match_parent"
    android:layout_height="wrap_content"
    android:text="Button 3"/>
  <TextView
    android:layout_width="match_parent"
    android:layout_height="wrap_content"
    android:text="This is vertical orientation"
    android:gravity="center"/>

</LinearLayout>
```

android:orientation 已经设置成 vertical，这样所有的子元素都要垂直放置。还有一点也很重要，所有的元素都把属性 android:layout_width 设置成了 match_ parent。这说明所有的元素都是全宽度的。图 6.3 是这个 layout 显示在安卓设备上的样子。

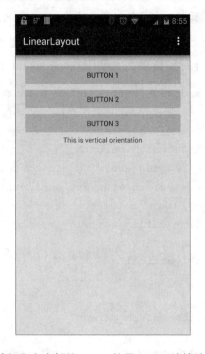

图 6.3　按钮和文本都从 layout 的最上面开始持续垂直向下

当垂直显示元素时，我们不能使用 android:layout_height="match_parent"，因为这样会使每个元素都拉伸到填满整个屏幕，从而导致元素一个叠放在另外一个上面。

你可以通过设置 android:layout_weight 属性来调整每个子 view 占用的空间。这是一个数值，我们用它来确定一个特定的子 view 运行占用的空间大小。如果你希望所有的子 view 都占用同样的空间大小，可以把每个 view 的 android:layout_height 设置成 0dp 来得到一个相等的垂直布局，或者把每个 view 的 android:layout_width 设置成 0dp 得到一个相等的水平布局。

若要把方向改成水平，应该改 android:orientation 属性的值为 horizontal，然后每个子元素都需要调整 android:layout_height 和 android:layout_width 属性值。图 6.4 展示了同一个 layout 调整为水平显示的样子。

Relative Layout

当用户界面比较复杂，以致要求具体的布局大小和依赖于知道某一个 view 或 layout

元素会在哪里，你会用到 relative layout。它这么命名是因为元素根据其他元素在 layout 或者包含的 layout 中的相对距离或位置来摆放。

Relative layout 提供了一个比较灵活和适应性强的界面。元素可以根据父 view 的中心、左边、右边、顶端、下边的相对位置来给出。这也可以结合其他已经定位的子 view 的位置。

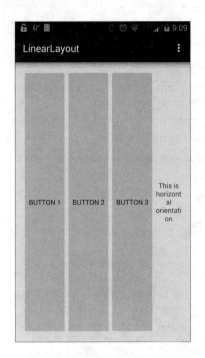

图 6.4　当有太多元素放到一个狭小区域时，文字变得几乎没法阅读

下面是一个利用 relative layout 来定位文本和四个按钮的 layout XML 文件：

```
<RelativeLayout  xmlns:android="http://schemas.android.com/apk/res/
android"
    xmlns:tools="http://schemas.android.com/tools"
    android:layout_width="match_parent"
    android:layout_height="match_parent"
    android:paddingLeft="@dimen/activity_horizontal_margin"
    android:paddingRight="@dimen/activity_horizontal_margin"
    android:paddingTop="@dimen/activity_vertical_margin"
    android:paddingBottom="@dimen/activity_vertical_margin"
    tools:context=".MainActivity">
```

```xml
<TextView
  android:text="Relative layouts allow flexible positioning"
  android:layout_width="wrap_content"
  android:layout_height="wrap_content"
  android:layout_alignParentTop="true"
  android:layout_centerHorizontal="true" />

<Button
  android:layout_width="wrap_content"
  android:layout_height="wrap_content"
  android:text="Button 1"
  android:id="@+id/button"
  android:layout_centerVertical="true"
  android:layout_centerHorizontal="true" />

<Button
  android:layout_width="wrap_content"
  android:layout_height="wrap_content"
  android:text="Button 2"
  android:id="@+id/button2"
  android:layout_below="@id/button"
  android:layout_alignParentLeft="true"
  android:layout_alignParentStart="true" />

<Button
  android:layout_width="wrap_content"
  android:layout_height="wrap_content"
  android:text="Button 3"
  android:id="@+id/button3"
  android:layout_alignTop="@id/button2"
  android:layout_alignParentRight="true"
  android:layout_alignParentEnd="true" />

<Button
  android:layout_width="wrap_content"
  android:layout_height="wrap_content"
  android:text="Button 4"
  android:id="@+id/button4"
  android:layout_below="@id/button2"
```

```
android:layout_centerHorizontal="true" />

</RelativeLayout>
```

我们不用 gravity 来调整如何显示文本，而是利用 android:layout_alignParentTop
="true" 和 android:layout_centerHorizontal="true" 把 TextView 放到中心页面的顶
端。按钮 2~ 按钮 4 是基于按钮 1 来定位的，而后者是直接放在 layout 的中心。一些额外
的属性用来使按钮 2 和按钮 3 对齐 layout 的左边和右边。图 6.5 展示了这个 layout 在安卓
设备上。

另一个考虑使用 relative layout 的原因是不用嵌套多个 linear layout 来创建非常复杂的
layout，你可以直接创建同样类型的 layout 而不会使它变复杂。通过避免 layout 嵌套，你
可以使 layout 保持扁平。这不仅减少了显示 layout 需要的处理，而且加速了 layout 的屏幕
渲染。

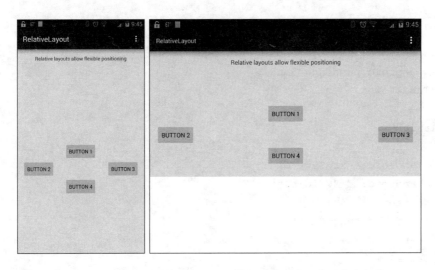

图 6.5　不管设备的方向是什么，按钮 1 始终显示在屏幕中心

Table Layout

Table layout 类似于 HTML 里的表格元素工作。Table layout 把子元素按照行和列对齐。
不像 HTML 里的表那样，网格界限从不显示，而且有可能是空的。

Table layout 引入了一些非常有趣的格式化逻辑。通过使用 android:gravity，可以
调整元素的文本 layout。由于列的大小是由需要最大宽度或有最多内容的列决定的，因此，

这个是需要的。

你可能会认为你只需要手工调整每个元素的宽度，但是每个加到 table layout 中子元素的宽度的默认值是 match_parent。高度是可以改的，但是它的默认值是 wrap_content。下面是一个有两行包含 TextView 和 Button 的 table layout：

```
<TableLayout xmlns:android="http://schemas.android.com/apk/res/android"
  android:layout_width="match_parent"
  android:layout_height="match_parent"
  android:stretchColumns="1"
  android:padding="10dp">

  <TableRow>
    <TextView
      android:text="Name:"
      android:padding="5dp"/>
    <TextView
      android:text="Jonathan Generic"
      android:gravity="end"
      android:padding="5dp"/>
  </TableRow>

  <TableRow>
    <Button
      android:text="Button 1"
      android:id="@+id/button"/>
    <Button
      android:text="Button2"
      android:id="@+id/button2" />
  </TableRow>

</TableLayout>
```

虽然你不能给子元素设置具体的宽度，但是可以创建同样宽度的列，具体方法是通过添加 android:layout_width="0dp" 和 android:layout_weight="1" 到一行元素里来强制表格以同样的宽度解析列。下面是应用于 <Button> 元素的属性：

```
<TableRow>
  <Button
```

```
        android:layout_width="0dp"
        android:layout_weight="1"
        android:text="Button 1"
        android:id="@+id/button"/>
    <Button
        android:layout_width="0dp"
        android:layout_weight="1"
        android:text="Button2"
        android:id="@+id/button2" />
</TableRow>
```

这也要求 <TableLayout> 元素包含一个属性 android:stretchColumns="1"。图 6.6
显示了如何用这个改动来改变按钮的对齐方式。

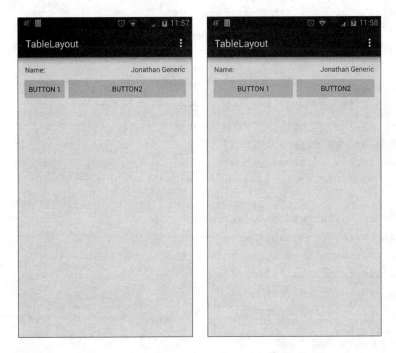

图 6.6　按钮自动对齐，一个较小，另一个较大（左边）。通过设置属性，按钮占用相等的全列宽（右边）

Table layout 最适合显示表格化数据。这是一些数据或图像，它们要求一个网格或者特定的间距，允许用户阅读和快速理解数据，而不用解密一个设计去获取它们寻找的数据。

Frame Layout

当你想要为一个单独的 view 保留屏幕空间，或者你正在创建一个有 z-index 效果的 overlay 时，可以使用 Frame layout。这种空间效果的取得主要是由于 frame layout 如何处理子元素。它们被放到一个栈里，第一个元素添加到最底下，而最后一个元素添加到顶上。

下面是一个关于 frame layout 的例子，它包含两个 TextView 和一个 ImageView：

```
<FrameLayout
  xmlns:android="http://schemas.android.com/apk/res/android"
  android:layout_width="fill_parent"
  android:layout_height="fill_parent">

  <TextView
    android:layout_width="match_parent"
    android:layout_height="wrap_content"
    android:text="This text is under the image in the stack"/>

  <ImageView
    android:layout_width="match_parent"
    android:layout_height="wrap_content"
    android:src="@drawable/car"
    android:layout_gravity="center"/>

  <TextView
    android:layout_width="wrap_content"
    android:layout_height="wrap_content"
    android:text="This text is over the image"
    android:textColor="#ffffff"
    android:id="@+id/textView"
    android:layout_gravity="center" />
</FrameLayout>
```

z-index 或者分层效果是按照先进先出的顺序发生的。第一个 TextView 放在第一层，或者栈底。ImageView 放在中间，在第一个 TextView 的上面，但是在最后那个 TextView 的下面。图 6.7 以两个不同的方向显示了这个 layout，用以帮助阐述分层如何渲染。

frame layout 可以用于 overlay 信息，或者用于动画给应用添加视觉效果。你应该保持 layout 里包含的 view 尽量少，这样能最小化栈中 view 的管理。如果需要操作多个 view 或者把 view 合并到一起，可以嵌套使用 <FrameLayout>。

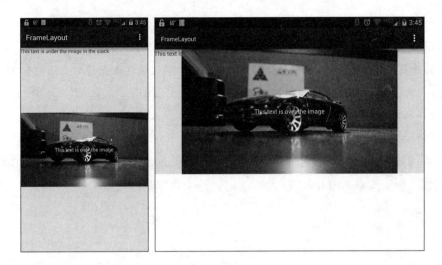

图 6.7 当旋转到横屏时，第一个 TextView 被截断，因为文本跑到 ImageView 后面了

WebView

WebView 不是具体的 layout container；相反，它是一个特殊的 view，你可以用来在应用里显示一个网页。一般都用这个 view 来提供一个帮助页，或者显示最终用户许可协议，还可以用于应用里使用浏览器打开链接而不是离开应用。这些通常是社交网络或新闻类应用。通过允许用户在不离开应用的情况下查看网页内容，你能提供一个更强大的集所有功能于一身的应用。WebView 同时也很特殊，因为它是通过 Google Play 获取更新的，这一点类似于 Google Play Service 更新的方式。

WebView 也有非常独特的能力在网页和设备之间传输信息。这允许从网页上触发一些设备的功能。它不妨碍安全性，因为 WebView 还是一个沙箱，它会阻止整个系统的访问。

如要把 WebView 加到应用中，可以把下列代码加入 layout XML 文件中：

```
<WebView  xmlns:android="http://schemas.android.com/apk/res/android"
  android:id="@+id/webview"
  android:layout_width="match_parent"
  android:layout_height="match_parent" />
```

请注意，如果你要从网络资源里加载数据，必须把下面的权限加到应用 manifest 里：

```
<uses-permission android:name="android.permission.INTERNET" />
```

你要加载的 URL 可以通过应用逻辑来调用 .loadUrl() 函数来传入。

提示

默认情况下，WebView 不会允许 JavaScript 执行。如果想处理 JavaScript，包括触发 native 的函数，比如应用中的 toast，你必须要在应用中设置它来允许它，语句如下：

```
webView myWebView = (WebView) findViewById(R.id.webview);
webSettings webSettings = myWebView.getSettings();
webSettings.setJavaScriptEnabled(true);
```

你想要通过 JavaScript 访问的函数必须是 public 的，而且要用 @JavascriptInterface 注解。当你工作于安卓 API level 17 及以上时，这个注解是需要的。

总结

在本章中，你学到了如何创建和管理应用的 layout。根据用户设备的不同，不同的尺寸值和像素的计算方法也可能会不同。这意味着使用 dp 值调整 layout 的尺寸大小是比较安全的一条途径。

你还了解到 linear、relative、table、frame layout 元素是如何添加到应用 layout XML 里的，以及如何使用它们。这包括一些关于什么时候每个类型 layout 的使用好处以及应该考虑的东西。

最后，你了解了一个特殊的 view，叫作 WebView，它能用来显示网页内容，以及为什么要把 WebView 加入应用中。

7

App Widget

使用安卓平台的一部分魅力在于定制用户体验的能力。 这可以通过移动和调整应用来实现，以及添加 widget 到 home 和 lock screen。Widget 最开始是从 Android 1.5（Cupcake）引入的，从那之后一直受到人们的关注。随着新版本安卓的发布，关于 widget（也叫作App widget）如何放置、格式化和显示都有了很多改进。在这一章中，你会学到如何创建widget。

一个简单的给 App widget 分类的方法是把它当作完整应用的有用扩展。那不是说它必须和一个完整应用绑定到一起出现，但是如果那样做，你可以提供一个功能详细的应用和简化的 widget。

widget 并不局限于只提供信息，它还可以放置几个不同的 view，以及通过监听和响应不同的 Intent 来控制其他应用。使用 Android 4.2+ 时，App widget 并不局限于 home screen，它也可以加到 lock screen。这使得用户可以查看总结，快速获取信息，以及更多的功能，而不需要解锁设备。

> **注意**
>
> 由于主 UI 里已经使用了特定的交互，widget 仅限于只能垂直滚动和单击。记住这一点可以帮你创建一个更好的 widget，以及节省时间，而不去实现那些不可能的手势和交互。

创建 App widget 时，需要遵循下列四步：

1. 为 App widget 创建 layout XML。

2. 通过 XML 创建 `AppWidgetProviderInfo` 对象。

3. 创建一个 `AppWidgetProvider` 类文件包含 widget 逻辑。

4. 修改应用 manifest 支持 widget。

没有特定的顺序关于前面哪一步必须先实现，但是这四步都完成了才能保证 App widget 正常工作。

App Widget Layout

标准的应用都有一个 layout XML 文件，App widget 和它类似，也利用了 layout XML 文件。这个文件一般来说和应用 XML 文件存在同一个地方。当你使用 Android Studio 时，这意味着文件应该在 /res/layout 下面找到。命名文件可根据个人偏好，但是尽量保持一致，它应该根据 App widget 来命名的，和应用类似，layout 要随它代表的 Activity 来取名。

像应用 或 Activity 的 layout 一样，App widget 的 layout 文件用来显示各种不同的 layout container。与标准 Activity 和 view 不同的是，App widget 基于 Remote View，并且仅限于下列 layout container：

- FrameLayout
- LinearLayout
- RelativeLayout
- GridLayout

它们也只能使用下列 widget 和 view：

- AnalogClock
- Button
- Chronometer
- ImageButton

- ImageView

- ProgressBar

- TextView

- ViewFlipper

- ListView

- GridView

- StackView

- AdapterViewFlipper

把这些放到一起，代码清单 7.1 展示了一个 App widget 的 layout XML 文件。

代码清单 7.1　一个 App Widget 的 Layout XML 文件示例

```
<RelativeLayout xmlns:android="http://schemas.android.com/apk/res/android"
  android:layout_width="match_parent" android:layout_height="match_parent"
  android:padding="@dimen/widget_margin" android:background="#A4C639">

  <TextView android:id="@+id/appwidget_text"
    android:layout_width="wrap_content"
    android:layout_height="wrap_content" android:layout_centerHorizontal
="true"
     android:layout_centerVertical="true" android:text="@string/appwidget_
text"
    android:textColor="#ffffff" android:textSize="24sp"
    android:textStyle="bold|italic"
    android:layout_margin="8dp"
    android:contentDescription="@string/appwidget_text"
    android:background="#A4C639" />
</RelativeLayout>
```

在代码清单 7.1 的第一行中，可以看到它使用一个带有一些基本设置的 RelativeLayout 元素来帮助形成 widget 的外观。你应该特别注意 android:padding="@dimen/widget_ margin" 属性。默认情况下，这应该设置成 8dp。但是，根据这里的参考，这个值会基于设备屏幕尺寸而改变。这是通过从 res/values/dimens.xml、res/values-v14/dimens. xml 和 res/values-w820dp/dimens.xml 获取值实现的。

在 API 14 (Android 4.0 Ice Cream Sandwich) 之前，App widget 里的 margin 不是自动配置的，margin 可以从边缘延伸到边缘，从 widget 到 widget，以及到整个屏幕。因为这有可能会导致非常差的用户体验，对于 API 14+ 系统加了 8dp 的 margin 到 app widget。为了使 App widget 能工作于尽量多的设备，而且保持正确的风格标准，你可以创建两个 resource，然后基于 App widget 目前运行的设备的 API 来调用。第一个 resource 应该放在文件 /res/values/dimens.xml 中。这个文件应该包含下列语句：

```
<resources>
  <dimen name="activity_horizontal_margin">16dp</dimen>
  <dimen name="activity_vertical_margin">16dp</dimen>

  <dimen name="widget_margin">8dp</dimen>
</resources>
```

dimen 元素还添加了一个属性 name="widget_margin"，它的值设置成 8dp，而且是全局使用的。因为这是一个全局设置，对于运行 API level 14+ 的安卓设备，你需要再添加一个文件。这可通过添加另一个资源文件到 /res/values-v14/dimens.xml 中。它要包含下列语句：

```
<resources>
  <dimen name="widget_margin">0dp</dimen>
</resources>
```

这个值会覆盖前面全局的设置，而且允许安卓系统把正确的 margin 用到 App widget。

看完 RelativeLayout 里的元素之后，我们来看一下代码清单 7.1 里的 TextView。这个 TexView 有几个属性需要仔细看看，比如 android:layout_centerVertical="true" 和 android:layout_ centerHorizontal="true" 都已经添加了。添加这些属性的目的是为了确保内容放到正确的地方。由于大小调整和需要适配不同像素密度的设备，App widget 当然是可以理解的。通过使用一些居中技术，可以确保 App widget 几乎出现在每个它显示的设备的相同位置。

图 7.1 展示了这个 App widget 如何显示在安卓设备上。

这个 App widget 的 layout 只是 widget 如何显示的一半。AppWidgetProviderInfo 对象包含其他改变 widget 如何显示的选项。

图 7.1　使用背景和文本风格的 Widget

AppWidgetProviderInfo 对象

　　AppWidgetProviderInfo 对象是一个位于 /res/xml/ 目录下的 XML metadata 文件。它一般用来包含 App widget 的下列设置和信息：

- 最小宽度
- 最小高度
- 更新频率
- 预览图片
- Widget Category
- Home screen 的初始 layout
- Lock screen 的初始 layout
- 调整大小的选项

App Widget 尺寸

Widget 推荐和默认的最大宽度和高度是 4×4 网格。你也可以通过程序使 layout 比这个大，但是那样当你在不同的设备上执行 App widget 时会遇到兼容性问题。你可以用 android:minWidth 和 android:minHeight 来设置 App widget 的最小宽度和高度。因为很多设备的分辨率、屏幕尺寸和像素密度都不同，你设置属性时应该使用 dp 为单位。

你可以用下面的公式计算出这些属性应该设置为多少以适配一个网格单元：

```
Number of cells = (i*70) - 30
```

在这个公式中，i 是要使用的网格数目。使用这个公式可以确定下面的尺寸信息：

- 1 cell = 40dp
- 2 cells = 110dp
- 3 cells = 180dp
- 4 cells = 250dp

有了这个信息之后，就可以创建想要的 layout 的 App widget 了。例如，如果 layout 最好是 2 网格宽、1 网格高，则可以使用 android:minWidth="110dp" android:minHeight="40dp" 来设置尺寸。

更新频率

android:updatePeriodMillis 属性是用来调整 App widget 多久执行 onUpdate() 函数的。这个函数不能保证更新函数一定在你指定的时刻执行，但是它会在那个时间附近。请注意，不管你把这个属性的值设置得多么小，系统都不会超过每 30 分钟执行一次更新。

我们一定要小心处理这个设置，因为它会影响用户电池的使用时间。推荐值是至少 60 分钟更新一次。不管你用的是什么更新时序，它都会安排一个工作使设备在指定的时间前后运行。这意味着即使设备那个时候处在休眠状态，它也会被强制唤醒，执行更新，然后待机，直到再次休眠。

如果你想让设备休眠，而且只有醒时才更新，可以把这个属性设置为 0，然后用 AlarmManager 创建一个 alarm Intent，把类型设置为 RTC 或 ELAPSED_REALTIME 来控制 App widget 的更新频率。

预览图片

`previewImage` 属性是在 API 11（Android 3.0 Honeycomb）上加的，它允许你指定一个 drawable 的资源用于 widget 选择界面，目的是把它作为 widget 看上去是什么样子的预览。图 7.2 显示了设备上 widget 的选择界面。

图 7.2　创建一个适合你的看上去可以帮助用户决定使用哪个 widget 的 App widget

安卓模拟器上有一个默认安装的工具，叫作 Widget Preview。当你打开这个应用时，它会让你选择安装在设备上的 widget。在选择 widget 之后，它会显示出来，然后让你选择是否抓取一个截图，或使用邮件发送预览图片。图 7.3 显示了 widget 选择界面和应用的预览界面。

如果你没有在模拟器上设置账号，当你尝试把这张图片发送给自己时应用可能会 crash。如果你保存这张预览图片，它会存到模拟器的 Download 目录。你可从终端使用 adb 命令把这个文件拖到桌面。

图 7.3　你的 widget 应该出现在左边的列表里。选择之后，widget 会显示和保存（右边）

一旦把它保存下来，你就可以放到 /res/drawables 目录中。可以在代码里引用如下语句：

```
android:previewImage="@drawable/example_appwidget_preview"
```

并不局限于提供一个和 widget 长得很像的资源，但是，为了最佳用户体验，请尽量使 widget 长得和预览一致。

Widget Category

App widget 起源于 home screen，但是从 API 17（Android 4.2 Jelly Bean）开始，App widget 也允许加到 lock screen。为了适应这个变化，我们引入了 android: widgetCategory 属性，这个属性可以接受下列值：

- home_screen
- keyguard
- home_screen|keyguard

home_screen 值是标准的设置，允许 App widget 放置在主 UI 界面。使用 keyguard 的话 widget 只放在 lock screen。当你使用这个选项时，App widget 将不会出现在 home screen 上。使用 home_screen|keyguard 会使 widget 既可放在 home screen，也可放在 lock screen 上。

Widget Category 布局

当你把 App widget 放在 home screen 或 lock screen 时，可能需要提供一些不一样的 layout。这能帮助显示一些敏感信息，或提供一个更简单的 layout 来帮助用户快速查看信息，而不需要额外的交互。

如要指定上述 layout，可以使用 android:initialLayout 和 android:initialKeyguardLayout 属性。如果想让 home screen 和 lock screen 使用相同的 layout，应该把这两个属性设置成同样的值：

```
android:initialLayout="@layout/my_app_widget"
android:initialKeyguardLayout="@layout/my_app_widget"
```

通过使用 @layout/my_app_widget，保存在 /res/layout/my_app_widget.xml 的 layout 会被用来显示和定位 widget 中的元素。如果根据屏幕改变 layout，则只需要参考另一个文件中的值即可。

请注意，这个属性包含单词 "initial"，因为你可以编写程序来改变使用的 layout 文件，但是第一次解析 App widget 时，它会使用这个属性的值。

Resizable 模式

调整 widget 尺寸功能是在 API 11 (Android 3.0 Honeycomb) 上添加的。这是当你单击和选中 widget 调整大小时引入的功能。不是所有的 widget 都可以调整大小，是否允许调整大小这个功能选项是基于属性 android:resizeMode 的值。

android:resizeMode 属性可以接受 none、horizontal 和 vertical。从 API 12 (Android 3.1 Honeycomb) 开始，我们添加了另一个选项 horizontal|vertical 来允许在两个轴均可调整大小。

AppWidgetProviderInfo 对象实例

现在已经看到了 AppProviderWidgetInfo 中的内容，你应该熟悉下面的例子文件：

```xml
<?xml version="1.0" encoding="utf-8"?>
<appwidget-provider xmlns:android="http://schemas.android.com/apk/res/
android"
    android:minWidth="110dp" android:minHeight="40dp"
    android:updatePeriodMillis="86400000"
    android:previewImage="@drawable/example_appwidget_preview"
    android:initialLayout="@layout/my_app_widget"
    android:resizeMode="horizontal|vertical"
    android:widgetCategory="home_screen"
    android:initialKeyguardLayout="@layout/my_app_widget"></appwidget-
provider>
```

请注意，在上面的 widget layout 中，它设置了 android:initialKeyguardLayout 属性。当你使用只出现在 home screen 上的 widget 时，不需要定义这个属性，但是这个地方有是因为 Android Studio 目前创建 widget 时包含的。如果你不打算创建一个在 lock screen 上的 widget，可以很安全地把这个属性删除。

这个文件可以随意命名，但它必须要放到 /res/xml 目录中。根据 XML 文件的准则，文件应该以 XML 声明开头，然后是任意文档元素。<appwidget-provider> 是使用一个命令空间 http://schemas.android.com/apk/res/android 定义的。在其中，你可以找到上面所提的所有属性，这些能帮你定义 App widget 如何显示。

AppWidgetProvider 类

AppWidgetProvider 类应该在你的代码 package 里，你可以给它取一个任何合理的名字。为了易于维护和开发，在此推荐你根据创建的 App widget 来命名。

举个例子，我创建了一个名叫 MyAppWidget 的应用，它有一个 Activity 叫 MainActivity。这意味着 MainActivity.java 和 MyAppWidget.java 都应在 src/main/java/com/dutsonpa/appwidget/ 下。请注意，这个地方 package 名应该换成你的。

类文件应该扩展 AppWidgetProvider，并且至少包含 onUpdate() 函数。下列函数可能会用到：

- **onUpdate()**：App widget 更新生命周期内运行

- **onAppWidgetOptionsChanged()**：widget 创建时执行，以及每次调整 widget 大小时

- **onDeleted(Context, int[])**：widget 删掉时执行

- **onEnabled(Context)**：widget 第一个实例添加时执行

- **onDisabled(Context)**：widget 最后一个实例删掉时执行

- **onReceive(Context, Intent)**：一般不需要，但是每个 broadcast 都会执行，而且是在其他回调函数之前。

在这些列出来的回调函数中，onUpdate() 函数是最重要的，因为它是 Intent 解析和执行的地方。这也是你使用 setOnClickPendingIntent(int, PendingIntent) 来绑定单击事件的地方。你还应该考虑在这个方法内部创建 service 来处理比较耗时间的查询或网络请求。因为 AppWidgetProvider 是 BroadcastReceiver 的延伸，它任何时候都可能被关闭。通过在 onUpdate() 函数内部使用 service，可以避免 Application Not Responding (ANR) 错误导致的应用崩溃。

代码清单 7.2 显示了一个 AppWidgetProvider 类的例子，这可以当作开发 App widget 的起始点。

代码清单 7.2　AppWidgetProvider 类实例

```
package com.dutsonpa.myappwidget;

import android.appwidget.AppWidgetManager;
import android.appwidget.AppWidgetProvider;
import android.content.Context;
import android.widget.RemoteViews;

public class MyAppWidget extends AppWidgetProvider {

  @Override
  public void onUpdate(Context context,
                           AppWidgetManager appWidgetManager, int[]
appWidgetIds) {
    // 循环以确保所有的 widget 都更新
    final int N = appWidgetIds.length;
```

```
for (int i = 0; i < N; i++) {
    // 在这里添加 widget 逻辑
    updateAppWidget(context, appWidgetManager, appWidgetIds[i]);
  }
}

@Override
public void onEnabled(Context context) {
  // 这里的代码会在 App widget 启动时执行
}

@Override
public void onDisabled(Context context) {
  // 这里的代码会在最后一个 widget 禁用时执行
}

static void updateAppWidget(Context context,
                            AppWidgetManager appWidgetManager,
                            int appWidgetId) {

  // 设置 widget 文本
  CharSequence widgetText = context.getString(R.string.appwidget_text);
  // App widget 使用 RemoteViews 来操作 widget view 的数据
  RemoteViews views = new RemoteViews(context.getPackageName(),
    R.layout.my_app_widget);
  views.setTextViewText(R.id.appwidget_text, widgetText);

  // 把更新传给 widget
  appWidgetManager.updateAppWidget(appWidgetId, views);
  }
}
```

　　类文件应该是比较熟悉的，它开始于必要的 import，然后是类声明和扩展 AppWidgetProvider。你可以看到几个函数已经创建好了，还加了一些注释帮你理解各个部分。

onUpdate() 函数包含了一个 for 循环，是为了识别是否已经有多个 widget 加到用户界面。通过使用 for 循环，可以确保逻辑的变化和更新在这里得到执行，而不是只发生在一个 App widget 上。其他逻辑（比如单击事件、service 和 Intent 处理）也都应该放在这里。

添加 onEnabled() 函数是为了初始化做需要设置的东西，你可以把它们放在这里。请注意，这个函数只执行一次，调用和执行之后，它再也不会执行了，直到 App widget 所有的实例删除和再次添加一个。

添加 onDisabled() 函数是为了执行 onUpdate() 或 onCreate() 里的逻辑来清理局部变量、临时文件或数据库。

创建 updateAppWidget() 函数是为了把更新传递给 widget。一般来说，这个函数是从 onUpdate() 里调用的。请记住，App widget 不用标准的 view，它用的是 RemoveView。这是为什么 updateAppWidget() 函数用它们来改变显示在 widget 中文本的原因。

> **提示**
>
> onAppWidgetOptionsChanged() 函数是当 App widget 大小变化时用来改变设置和选项。你可以使用 getAppWidgetOptions() 来从 App widget 获取目前的信息。

应用 Manifest 条目

把 App widget 从想法转变成实现的最后一步是修改你的应用 manifest XML 文件。这个修改包含添加一个带有 <intent-filter> 元素的 <receiver> 和一个 <meta-data> 元素。

<receiver> 应该包含一个值为你的 AppWidgetProvider 类的 android:name 属性。子 <intent-filter> 包含一个值为 android:name="android.appwidget.action.APPWIDGET _UPDATE 的 <action> 属性。

<meta-data> 元素应该添加为 <intent-filter> 的同级。这是一个自我关闭的元素，但是它应该包含 android:name="android.appwidget.provider" 和 android:resource 属性。android:resource 的值应该设置为 AppWidgetProviderInfo 对象 XML 文件。举个例子，如果我在 res/xml 目录下创建了一个名为 my_app_widget_info.xml 的 XML 文件，这个属性应该是：android:resource="@xml/my_app_widget_info"。

下面是一个关于如何修改应用 manifest XML 的例子：

```
<receiver android:name=".MyAppWidget" >
  <intent-filter>
    <action android:name="android.appwidget.action.APPWIDGET_UPDATE" />
  </intent-filter>

  <meta-data
    android:name="android.appwidget.provider"
    android:resource="@xml/my_app_widget_info" />
</receiver>
```

总结

在本章中，你学到了什么是 App widget 和创建 widget 的四个基本步骤。还有 App widget 的 layout 如何工作，以及怎么创建两个 layout 给 lock screen 和 home screen 使用。

你还学到了创建一个 XML 文件，它们是用来处理 App widget 用于管理交互的信息和元信息对象 AppWidgetProviderInfo。还有创建一个类来控制 widget 逻辑和把它放在应用的什么地方。

最后，你学到了如何修改应用的 manifest XML 文件来包含 App widget 需要的元素，用以接收 Intent，以及如何把类和对象文件捆绑到一起，用来在屏幕上的 App widget 和底层使它提供你想要的功能逻辑之间传输资源。

8

应用设计：使用 MVC

创建第一个安卓应用让你明白应用是如何放到一起的，但是它没有告诉你如何理解应用是怎么连接到一起的。应用的所有模块都在一起工作，用以创建一种在用户和设备之间传输数据的体验。

本章介绍了 MVC（Model-View-Controller）架构，这种架构风格和安卓开发配合得非常好，我们将介绍不同的安卓组件如何适配这种开发方式。这包括异步方法处理、线程、任务、content provider 和 service。

MVC 模式已经在软件开发领域使用很多年了，它是一个非常干净的架构风格，允许开发者把商业或应用逻辑和显示逻辑分离。

Model 是用来管理数据的，它真正只关心数据的完整性。View 是用来显示给用户的，它相当于用户操作数据的交互点。Controller 是把系统黏合到一起的胶水，它允许在 Model 和 View 之间进行传输和访问。图 8.1 显示了这个流程是如何工作的。

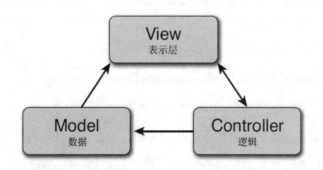

图 8.1 MVC 架构图，它展示了逻辑、数据和表示层是如何一起工作的

Model

Model 的主要角色是包含和管理数据。在安卓开发中，扮演 Model 的组件是 content provider。一个 content provider 不仅允许收集和创建应用中的数据链接，而且还允许创建多个应用都可以访问的资源。

从其他应用来访问 content provider 要求它们有访问那些要返回的数据的权限。这允许用户可以被告知应用将要访问的数据，包括创建的用来共享数据的 content provider。

有一些系统级的 content provider 已经可以使用了，当然，你需要在应用里指定相关的权限。如果你不想把 content provider 和别的应用共享，则不必要担忧需要创建额外的权限，因为 content provider 对于它们起源于的应用总有读和写的权限。

存在 content provider 里的数据是放在一个表里的（类似于 rational 数据库，比如 SQLite）。这允许你在 content provider 里更新、插入和删除数据。

执行更新、插入或删除将会要求你使用一个 ContentResolver 里匹配的方法。

下面的语句是如何更新 content provider 里的数据：

```
getContentResolver().update(Uri uri, ContentValues values, String where,
String[] selectionArgs);
```

请注意，uri 是 Uniform Resource Identifier（URI），它用来定义 content provider 的位置。values 是新的域值，key 是列名。请当心，传入一个 null 将会把它指定的列的数据擦除。where 是一个 filter，它用来模拟 SQL 里 WHERE 语句的功能。这允许你指定需要更新的数据。selectionArgs 是用作 selection 或 values 的绑定参数。根据你做的更新的不同，selectionArgs 的值有可能是 null。

这个方法会返回一个更新的行数的 int 值。

下面的语句是如何把数据插入到 content provider：

```
getContentResolver.insert(Uri url, ContentValues values);
```

url 的值应该是代表你要插入数据的表的 URL。

传入 values 的值应该是当创建新行时使用的初始值。key 是列名，传一个空值会创建一个空行。

这个方法会返回新创建的行的 URL。

下面的语句是如何从 content provider 里删除数据：

`getContentResolver.delete(Uri url, String where, String[] selectionArgs)`

类似于其他方法，uri 是表的 URI，或包含了要删的行的 content provider。

where 应该包含帮你指定 selection 的值。这个和 SQL 里的 WHERE 语句用法类似。这个方法会返回一个删除的行数的 int 值。

> **注意**
>
> 当你使用 content provider 时，可能会注意到系统自带的 content provider 包含一个列名 _ID，这是安卓 SQLite 的需求。这个并不是必须要的列，但是，如果你创建自己的 content provider，而且想要在 ListView 里显示它的内容，则必须要有这一列。

View

在 MVC 架构里，View 确实和它听起来很像：应用里观察者查看的部分。View 负责处理图像显示，并把用户的输入翻译成应用剩下部分能处理的数据。

在安卓开发里，这具体是指 View 和 Activity。这在第 5 章 "View" 里已经详细介绍了，新人请参考那一章。总结一下，Activity 用来管理单独的一组事件。这意味着当应用启动时，Activity 开始了一个生命周期，如下：

1.Activity 启动。

2.onCreate() 执行。

3.OnStart() 执行。

4.OnResume() 执行。

5. 当用户离开 Activity 时执行 onPause()，当用户返回 Activity 时执行 OnResume()。这可能包括系统对话框。

6. 当 Activity 对用户来说不再可见时会执行 onStop()。如果用户返回，在调用 onStart() 应用重新进入生命周期之前会调用 onRestart()。

7. 当系统决定关闭 Activity 时会调用 onDestroy() 函数，它会把分配的资源返还给系统。

一个安卓 View 会包含用户可见的和难以分割的模块，它通常通过显示 widget 和定制的 view。

通过添加事件监听器，比如 onClick()、onLongClick() 和 onKey()，信息能够在表现层（MVC 中的 View）传输到 Controller，后者把 Model 和 View 紧密联系在一起。

Controller

以前提到过，controller 通过协助完成 View 和 Model 之间的数据交换达到控制整个系统的目的。

在安卓开发中，controller 可以认为是放在 event handler 和 service 里的逻辑。

Service 是执行一些正在进行的操作，或者需要长时间运行的组件。Service 可以持续运行，甚至当用户切换到其他应用时。但如果不严格说明，它就是应用的一部分。这意味着当应用销毁时，service 也会终止。

Service 行为的一个例子是播发多媒体文件，比如音频流，然后切换到 home screen，或者其他应用，但是音频文件仍然在播发。你也可以用 service 来获取新闻、RSS feed，或者甚至是股票列表。

Service 要求在应用 manifest XML 文件里注册。这可以使用 <service> 元素来设置：

```
<manifest>
<!-- other manifest elements -->
  <application>
    <service android:name=".myService" />
    <!-- other manifest elements -->
  </application>
<!-- other manifest elements -->
</manifest>
```

为了安全考虑，<service> 元素不包含 Intent filter。这意味着你需要显式地调用这个 service。

Service 有两个状态：started 和 bound。启动 service 时两个状态都是类似的，但是它们处理的数据返回不一样。

在 started 状态，你可以调用 startService() 通知系统你计划启动 service。这个 service 会被启动，然后执行到完成。当结束时，service 会自我终止。极少数情况下，它会把信息返回给应用。

如要通过 startService() 来启动一个 service，可以用如下语句实现：

```
Intent intent = newIntent(this, MyService.class);
startService(intent);
```

在 bound 状态下，service 通过 bindService() 连接到应用。这允许把信息从 service 传到应用和传回。当你把一个 service 设置在这个状态时，只有在一个组件主动连接到 service 时，service 才是活动的。如果连接停止了，绑定的 service 也会停止。

如要开始一个 bound 的 service，可以用如下语句实现：

```
Intent intent = new Intent(this, MyService.class);
bindService(intent, myConnection, 0)
```

这里传入的三个参数是 service、ServiceConnection 和 flags。根据想要 service 做的事情的不同，可以传不同的 flag 值。可用的值如下：

- **BIND_AUTO_CREATE**：绑定存在的话就创建 service。
- **BIND_DEBUG_UNBIND**：保存 unbindService 的调用栈以便查看和打印。但是，这会导致内存泄漏。
- **BIND_NOT_FOREGROUND**：不让 service 获取比应用更高的优先级。
- **BIND_ABOVE_CLIENT**：用来通知系统 service 比应用更重要。
- **BIND_ALLOW_OOM_MANAGEMENT**：运行管理 service 的进程被用来当作普通的应用，允许重启和基于运行时间来当作被终止的候选。
- **BIND_WAIVE_PRIORITY**：运行系统执行时间和内存管理。
- **0**：当你不想指定值时使用。

当你发现需要一个无限期运行的服务，而且允许应用组件绑定它时，可以使用 onBind() 回调函数。当实现使用 onBind() 的逻辑时，请记住你可能需要使用 onUnbind() 函数。

Service 也有一个 onCreate() 函数，它在 service 第一次启动时执行，还有一个 onDestroy() 函数，在 service 终止时执行。

> **注意**
>
> 如果你在应用主线程执行一些 CPU 密集的操作，应用的性能可能会受到很大损害。当使用一个 service 时，确保从 service 启动一个新进程。不过不这么做则可能导致 Application Not Responding (ANR) 错误。

从 `IntentService` 启动一个 service 允许使用一个独立的线程，而不是主线程来管理长时间运行的 service，在创建并使用 service 时强烈建议考虑这一点。

异步处理

在创建应用时，你可能经常需要执行某个 action 而不打断应用处理过程。这个过程称为异步处理，而且它不局限于应用开发。

Web 开发人员努力了很多年去研究脚本加载和处理。在 HTML5 中，给 <script> 元素添加一个 `async` 属性可以允许这个脚本被排队和请求，而不需要停止网页的渲染。

安卓应用一般是在 UI 线程执行的，但是那个不是线程安全的。这意味着你必须要在 UI 线程做所有的可视更新，但是它也意味着你不能使用使 UI 线程变慢或打扰 UI 线程的操作，比如网络操作或者 Web API 操作。如果你打断那个线程，应用会变慢，而且由于系统抛出异常而遇到 ANR 错误。

为了免除 UI 线程的这种限制，可以创建工作线程。这个仍然需要一点技巧，因为你要小心别创建一个非线程安全的进程。可以使用下面三个方法帮助维护线程安全的操作：

- **`runOnUiThread(Runnable action)`**：把在 UI 线程上执行的 task 排队。如果 task 已经在 UI 线程上，它会立即执行。
- **`post(Runnable action)`**：把 action 加到 UI 线程上执行的消息队列中。如果 action 成功地放到队列中，就返回 true。
- **`postDelayed(Runnable action,long delayMillis)`**：把 action 加到消息队列，附带一个条件，它要等指定的时间到达之后再去执行。

下面是一个例子，它使用 post() 方法执行线程安全的工作：

```
new Thread(new Runnable() {
  public void run() {
    // 创建 bitmap 并从网络获取
    final Bitmap bitmap =
        loadNetworkImage("http://example.com/my-image.png");
    // 对 ImageView 使用 .post() 方法来放置图片
    myImageView.post(new Runnable() {
```

```
    public void run() {
      // 当队列排到时，放置图片
      myImageView.setImageBitmap(bitmap);
    }
  });
  }
}).start();
```

根据你做的事情，可以选择使用 AsyncTask。AsyncTask 会把处理过程从主 UI 线程移到后台进程，而且返回结果不打断应用渲染处理。

AsyncTask

AsyncTask 应该根据它的名字来使用。这意味着你有一些简单的或者非常短的任务要做。

使用 AsyncTask 需要创建一个子类，并且至少带有一个函数。AsyncTask 有三个参数化的类型：Params、Progress 和 Result。如果你不需要使用一个特定的参数，可以用 void。

下面是一个 AsyncTask 子类的例子：

```
private class MyAsyncTask extends AsyncTask<String, Integer, String> {
  @Override
  protected String doInBackground(String... parameter) {
    // 在后台作为 AsyncTask 执行的代码
  }
  @Override
  protected void onProgressUpdate(Integer... progress){
    // 执行更新 AsyncTask 的代码
  }
  @Override
  protected void onPostExecute(String result) {
    // 从 AsyncTask 返回数据并清理
  }
}

// 执行 AsyncTask
public void executeAsync(View view) {
```

```
MyAsyncTask task = new MyAsyncTask();
task.execute("String value passed to AsyncTask");
}
```

如果 AsyncTask 设置成更新进度条，onProgressUpdate() 函数可以用来传入信息更新进度。而 onPostExecute() 函数可以用来返回数据给 view、widget 或其他组件。

使用 AsyncTask 执行 service 级别的操作将会带来潜在应用和内存问题。一个问题是 AsyncTask 不能识别导致 activity 销毁和重新创建的 configuration 变化。这包括设备的方向变化。如果屏幕旋转时 AsyncTask 碰巧在执行的过程中，你的进度会丢失，然后抛出异常。

如果要解决这个问题，需要保存 AsyncTask 实例，这可通过 setRetainInstance (true)，或创建一个带有逻辑的 fragment 来检查方向变化时 AsyncTask 是否在运行来实现。

总结

在本章中，你学到了 MVC 架构，以及如何把它用于安卓应用开发。

本章也介绍了 content provider 类似于 Model，应用之间的信息可以通过 content provider 来访问，但是不希望和别人共享数据的应用仍然可以使用 content provider。

View 和 Activity 组成了 MVC 架构中的 View 组件，Activity 遵循一个生命周期，这能帮助开发者理解回调函数如何被调用。

你还学到了 service，它组成了 MVC 架构中的 Controller 组件。Service 是那些长时间运行的组件，它们不严格遵守应用的生命周期，非常适合于保存运行的东西，甚至是应用暂停时。

最后，你会学到异步执行操作来避免 ANR 错误和加速应用。有一些方法可以用来以一种线程安全的方式把数据传给 UI 线程，以及什么时候你该使用 AsyncTask。

9
绘图和动画

要想在安卓应用里创建丰富的用户体验，仅仅依靠神奇的代码是做不到的。这里必须要有一些视觉魅力，就是吸引用户的东西，并且对视图变换、切换和加载事件的时刻提供给他们一些东西去玩。

这些可以通过 shape、drawable、bitmap、3D 图形和动画实现。本章解释了类、框架、添加视图到应用的最佳实践。

图形

不论你是在显示一个 bitmap，还是使用 OpenGL ES 创建 texture 和 shape，我们都有很多方法在安卓里显示图形。在这一节，你会学到 bitmap、drawable，以及使用 OpenGL ES 进行渲染。

Bitmap

Bitmap 是像素信息的集合，它包含了可以用来构建图像的数据。Bitmap 通常用于应用里的 icon 和 image 资源。

安卓上支持的文件类型包括 PNG、JPEG 和 GIF。若有可能，应该避免使用 GIF 文件而用 PNG 文件，因为这种格式可以给你提供 GIF 里最好的功能，同时有一个丰富的调色板和 alpha 通道。

如要在应用里显示一幅图片，可以使用 ImageView，它是一个专门用来显示图片内容的 widget。

> **警告**
>
> 你可能想在应用里使用大的 bitmap 来提高图片显示的细节。这看上去是一个非常好的想法，但是你要记住移动设备的可用内存是很有限的。摄像头拍摄的图片可能是 5248×3936 (20 MB)。如要把该图片使用 bitmap 配置 ARGB_8888 放到内存，它大概占用 79MB 系统内存。这可能会立刻把所有的可用内存都占用了，你的应用会崩溃并显示一个 OutofMemoryError 错误。

为了避免因内存不够而导致应用崩溃，可以在加载图片之前先对它进行缩放。这可以通过设置 ImageView 的缩放类型来实现。

每个缩放类型都会对图片做不同的处理，而你需要尽量多做测试，以避免纵横比和缩放问题的发生。

可用的缩放类型有如下几种：

- **CENTER (android:scaleType="center")**：虽然这是一个缩放类型，但是图片会居中而没有任何缩放。

- **CENTER_CROP (android:scaleType="centerCrop")**：这会把图片的纵横比调整到与父 container 的最大尺寸相匹配，但是它会把图片不适合的部分都截掉。

- **CENTER_INSIDE (android:scaleType="centerInside")**：这会把图片的纵横比调整到与父 container 的最大尺寸相匹配，而且显示图片的所有部分。

- **FIT_CENTER (android:scaleType="fitCenter")**：用一个矩阵来调整图片，但是维持图片的纵横比，而且把它放到 container 的中央。

- **FIT_END (android:scaleType="fitEnd")**：用一个矩阵来调整图片，但是维持图片的纵横比，而且使图片和 container 的右下角对齐。

- **FIT_START (android:scaleType="fitStart")**：用一个矩阵来调整图片，但是维持图片的纵横比，而且使图片和 container 的左下角对齐。

- **FIT_XY (android:scaleType="fitXY")**：用一个矩阵独立地调整图片的宽度和高度去适配一个 container，不维持图片的纵横比例。

- **MATRIX (android:scaleType="matrix")**：用一个矩阵缩放图片，适配到 container 时不维持纵横比例。

下面是一个把 ImageView 加到 layout XML 中的例子：

```
<ImageView
  android:layout_width="wrap_content"
  android:layout_height="wrap_content"
  android:src="@drawable/skyline" />
```

图 9.1 显示了这些设置如何改变图片的显示方式。

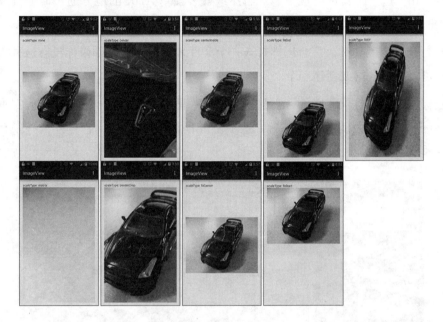

图 9.1 上面一行从左到右使用的 scaleType 设置依次是：none、center、centerInside、fitEnd 和 fitX。下面一行从左到右使用的 scaleType 设置依次是：matrix、centerCrop、fitCenter 和 fitStart

NinePatch

NinePatch 是一个从显示时就可以拉伸的 bitmap 生成的图片。图片的拉伸区域是由重复的像素点生成的，它以 PNG 格式保存，扩展名是 .9.png。图 9.2 展示了 NinePatch 的形式。

图 9.2 这个 NinePatch 用来显示一个 button 的背景和颜色

如果仔细检查 NinePatch，可以看到它在主图片旁边补了 1 像素，而且在上下左右周围都有黑线。这些线定义了 NinePatch 的哪些区域是重复的，它们会被用于拉伸区域。

NinePatch 文件不是必须为正方形，你可以使用矩形、圆，甚至有一些区域包含有图片或 logo，而且不能被拉伸。这也允许你创建定制的 button 和背景，以和你应用的主题一致，这样当你工作在很多不同的屏幕上时使它们的大小尽量最小。

如要创建你自己的 NinePatch 文件，可以使用安卓 SDK 里自带的 Draw 9-patch 工具 (draw9patch)。这个工具可以从下载和解压或安装安卓 ADK 的地方通过命令行或终端在 sd/tools 目录下启动。

当你打开这个工具时，它会让你打开一个文件来开始工作。如果你没有这种文件，在处理之前可以选择获得或创建一个。

一旦你选择了想打开的文件，它会把那张图片显示出来，以及一些帮你确定重复的区域应该在哪里，不重复的应该在哪里。这个窗口看上去像图 9.3，它打开了一张有轻微梯度的图片。

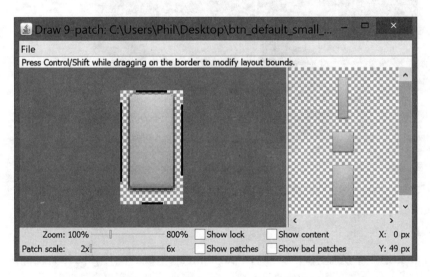

图 9.3   MDraw 9-patch 工具允许编辑、预览和导出 .9.png 文件

当你把图片调整到自己喜欢的样子之后，就可以使用 File 菜单里的 "Save 9-patch" 来保存图片。这会弹出一个提示，问你想把新创建的 NinePatch 文件存到哪里。

你现在可以把它放在工程的 /res/drawable 目录下，然后在 layout XML 文件里引用以达到在应用里使用定制的 NinePatch 的目的。下面是一个使用定制的 NinePatch（名字为 customninepatch.9.png）作为 button 的背景的例子：

```
<Button
  android:layout_height="wrap_content"
  android:layout_width="wrap_content"
  android:background="@drawable/customninepatch" />
```

Drawable

术语"drawable"是用于绘制资源的通用描述。安卓支持很多内置的 drawable 对象,当然,它也允许用户创建自己的对象。

当某些图像渲染在屏幕上时,这可以算作 drawable。这也解释了为什么图片资源算作 drawable,比如 PNG 文件。这也是图片资源存储在工程的 res/drawable 目录下的原因。

> **注意**
>
> 存在 /res/drawable 目录下的图片有可能会被自动优化,以及替换成更省内存的版本。如果你倾向于保持放进去的文件不变,则应该把 drawable 资源放在 /res/raw 目录下。

一些 drawable 并不要求把资源放在 /res/drawable 目录下。相反,你可能对使用原始形状更感兴趣。

使用原始形状对内存有好处,同时,它还允许你从代码中仅创建图像。下面是一个在定制的 view 里画正方形的例子。

```
// 为 ImageView 创建变量
ImageView myDrawnImageView;

// 给变量赋值
myDrawnImageView = (ImageView) this.findViewById(R.id.myDrawnImageView);

// 需要得到屏幕的维度
Display display = getWindowManager().getDefaultDisplay();
Point size = new Point();
display.getSize(size);
int screen_width = size.x;
int screen_height = size.y;

// 创建 bitmap
Bitmap bitmap = Bitmap.createBitmap((int) screen_width, (int) screen_
height,
```

```
Bitmap.Config.ARGB_8888);

// 创建一个 canvas 和绑定图片
Canvas canvas = new Canvas(bitmap);
myDrawnImageView.setImageBitmap(bitmap);

// 使用 Paint() 和 drawRect() 画矩形
Paint p = new Paint();
p.setColor(Color.BLUE);
p.setStyle(Paint.Style.FILL_AND_STROKE);
p.setStrokeWidth(40);
float rectLeft = 80;
float rectTop = 80;
float rectRight = 200;
float rectBottom = 200;
canvas.drawRect(rectLeft, rectTop, rectRight, rectBottom, p);
```

请注意，在上面的代码段里，既用到了 stroke，也用到了填充。如果它和填充使用的颜色相同，则不需要设置 stroke，但是要调整 drawable 的大小以弥补 stroke 覆盖丢失的空间。图 9.4 显示了创建的正方形。

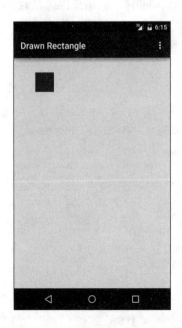

图 9.4   使用 bitmap、canvas 和 drawRect() 方法画一个蓝色正方形

也可以用 <shape> 元素在 XML 里定义形状。这可通过创建一个 XML 文件，然后把它放到 /res/drawable 目录下实现。

和 bitmap 的方式一样，这个资源将会通过 XML 文件的名字来识别。如果文件名字是 my_circle.xml，我们将以 my_circle 来引用它。

下面是一个在 XML 里定义的定制 shape 的例子：

```xml
<?xml version="1.0" encoding="utf-8"?>
<shape xmlns:android="http://schemas.android.com/apk/res/android"
    android:shape="oval">
    <solid android:color="#FF00FF00"/>
</shape>
```

这个 shape 会画一个绿色的椭圆或圆。通过定义 shape 的基本元素，一个 View 可以把这个 shape 引用为背景，以及使用各种不同的限制去显示圆或椭圆。

图 9.5 显示了当把 shape 渲染成一个高度和宽度是 50dp 的 view 的背景时这个 shape 的样子。

图 9.5　有一个渲染 container 共享同样的宽度和高度，屏幕上会显示一个绿色的小圆，即使这个 share 定义成椭圆

你也可以在项目里使用系统 drawable。但是，这些资源是双刃剑。它们使你可以匹配

系统的 theme，允许快速理解图标或图片的含义，但如果用得不对，它们会混淆和破坏用户对你应用的信任。

另一个可能遇到的问题是由于它们是系统的一部分，它们可能从一个版本改到另一个版本。这意味着没法控制过去、现在或将来的图像风格。

如果仍然想要用那些资源，请访问 http://androiddrawables.com/。在那里可以找到一个可用资源的列表，以及它们在各个不同的版本上看上去是什么样子。

OpenGL ES

嵌入式系统的 OpenGL（OpenGL for Embedded Systems，简称 OpenGL ES）从安卓系统版本 1.0 就开始支持了。但是，这并不意味着 OpenGL ES 的每个版本和安卓的每个版本都兼容。

作为一个快速参考，下面列出了能用于各个安卓版本的 OpenGL 的版本：

- OpenGL ES 1.0~1.1 支持 安卓 1.0+。
- OpenGL ES 2.0 支持安卓 2.2+。
- OpenGL ES 3.0 支持安卓 4.3+，提供制造商已内置了对图形管道的支持。
- OpenGL ES 3.1 支持安卓 5.0+。

> **提示**
>
> 由于 OpenGL ES 1.4 和 OpenGL ES 2.0 的重大改变，你不能混合和匹配 API 调用和使用。OpenGL ES 3.X 和 OpenGL ES 2.0 是向后兼容的。这样你就可以针对 3.0 写代码，而把功能级别设置成 2.0，然后使用一个运行时检查来查看设备是否支持 3.0，以允许使用高级 3.X 功能。

如想在没有 APK 的情况下在应用里使用 OpenGL ES，首先需要修改应用的 manifest 来把 OpenGL ES 添加为一个功能。取决于你想使用的版本，这可以用如下语句实现：

```
<!-- 使用版本 OpenGL ES 2.0 - 安卓2.2+ -->
<uses-feature android:glEsVersion="0x00020000" android:required="true"
/>


<!-- 使用版本 OpenGL ES 3.0 - 安卓4.3+ -->
<uses-feature android:glEsVersion="0x00030000" android:required="true"
/>
```

```
<!-- 使用版本 OpenGL ES 3.1 - 安卓 5.0+ -->
<uses-feature android:glEsVersion="0x00030001" android:required="true"
/>
```

当你修改应用 manifest 时，如果你想要用 texture 压缩，也需要在 manifest 里声明一下。请记住，不是所有的 texture 压缩类型都能和所有的安卓设备兼容。通过把压缩类型放到 manifest 里，Play store 可以把你的应用从那些不支持压缩类型的设备中过滤出来。

现在你已经正确设置应用的 manifest 文件了，接下来就可以开始使用 OpenGL ES 了。如要这样，则需要使用 GLSurfaceView 和 GLSurfaceView.Renderer。

在你的 Activity 里，刚开始要创建 GLSurfaceView 对象，然后在 onCreate() 回调函数里把它设置成主 view。在把 GLSurfaceView 设置成主 view 之后，你也需要为 GLSurfaceView 实现一些回调函数。下面是一个最小的框架，你可以参考它在应用里创建 GLSurfaceView：

```
// 创建 GLSurfaceView 对象
private GLSurfaceView myGLSView;

@Override
public void onCreate(Bundle savedInstanceState) {
  super.onCreate(savedInstanceState);

  // 设置 myGLSView 到 MyGLSurfaceView 类
  myGLSView = new MyGLSurfaceView(this);
  // 设置 myGLSView 作为 activity 的主 view
  setContentView(mGLSurfaceView);
}

@Override
protected void onResume()
{
  super.onResume();
  // 设置 GLSurfaceView 的 onResume 回调
  myGLSView.onResume();
}

@Override
protected void onPause()
```

```
    {
      super.onPause();
      // 设置 GLSurfaceView 的 onPause 回调
      myGLSView.onPause();
    }
```

在上面这个例子中，myGLSView 对象被设置成内部类。这样你就可以把 OpenGL ES 设置成想要的版本，同时设置渲染器。

下面是那个类的另一种最小设置：

```
class MyGLSurfaceView extends GLSurfaceView {

    private final MyGLRenderer myRenderer;

    public MyGLSurfaceView(Context context){
      super(context);

      // 设置 context 到 OpenGL ES 2.0
      setEGLContextClientVersion(2);

      // 设置渲染器
      myRenderer = new MyGLRenderer();

      // 设置画 GLSurfaceView 的渲染器
      setRenderer(myRenderer);
    }

}
```

渲染器也指向另一个用来处理 onDrawFrame() 和 onSurfaceChanged() 的初始设置和实现的类。实现语句如下：

```
public class MyGLRenderer implements GLSurfaceView.Renderer {

    public void onSurfaceCreated(GL10 unused, EGLConfig config) {
      // 设置背景帧颜色
      GLES20.glClearColor(0.0f, 0.0f, 0.0f, 1.0f);
    }
```

```
public void onDrawFrame(GL10 unused) {
  // 重画背景颜色
  GLES20.glClear(GLES20.GL_COLOR_BUFFER_BIT);
}

public void onSurfaceChanged(GL10 unused, int width, int height) {
  GLES20.glViewport(0, 0, width, height);
}
}
```

如要开始画 shape，需要给 shape 创建一个类，为 shape 创建坐标，使用 ByteBuffer 传输坐标，然后把它画出来。创建一个三角形的例子如下：

```
public void myTriangle() {

private FloatBuffer vertexBuffer;

    // 设置坐标的数目
    static final int COORDS_PER_VERTEX = 3;
    static float triangleCoords[] = {
      10.0f, 200f, 0.0f,
      10.0f, 100f, 0.0f,
      100f, 100f, 0.0f
    };

    // 设置颜色：红色、绿色、蓝色和 alpha（不透明度）值
    float color[] = { 0.5f, 1.0f, 0.5f, 1.0f };

    public Triangle() {
        // 给图形坐标设置 ByteBuffer
        ByteBuffer bb = ByteBuffer.allocateDirect(triangleCoords.length
* 4);
        // 设置每个设备的 native 字节顺序
        bb.order(ByteOrder.nativeOrder());

        // 从 ByteBuffer 设置一个浮点 buffer
        vertexBuffer = bb.asFloatBuffer();
        // 添加坐标到 vertexBuffer
        vertexBuffer.put(triangleCoords);
```

```
        // 设置 buffer 读取第一个坐标
        vertexBuffer.position(0);
    }
}
```

如果不只是想画 shape，那么你还需要学习 OpenGL ES 的官方文档 https://www.khronos.org/opengles/。这会提供给你 OpenGL ES 可用版本的规范，以及在线参考文档和卡片。

对于那些想直接使用 OpenGL ES 的人，你可以用 Native Development Kit (NDK)，对于计算密集型的操作也需要使用这个，包括写渲染脚本。

动画

如果应用没有使用 2D 或 3D 渲染引擎，你仍然可以通过 view 和 property 动画给它添加一些视觉效果和奇观。

View 动画

当你有两个 view 并想为它们添加动画效果时，可以使用 view 动画。那些有动画经验的人知道当你想在一个 view 和另外一个 view 之间建立一个过渡时，必须要在它们之间画出很多帧以平滑显示两个 view 之间的变化。

请注意，即使你不想建立一个过渡，对于一个单独的 view，如要做出一些改变，比如缩放、旋转和转变，这些过渡帧还是需要的。为了平滑地以动画方式显示 view 的变化，View 动画会帮你做所有的数学运算、计算和绘画操作。

如要创建一个 view 动画，可以使用一个包含动画细节的 XML 文件，然后把它保存在 /res/anim 目录中，或者使用 AnimationSet 和 Animator 类来用 Java 定义动画。

如要在 XML 里定义动画，需要声明一个包含子元素的 <set> 元素。

下面有四个可用的基本动画效果：

- **alpha**：控制不透明度和可视性
- **rotate**：控制旋转角度
- **scale**：控制大小

- **translate**：控制在 X 和 Y 平面上的位置

每个动画都可以用在 XML 中。下面是一个动画的例子：

```
<scale
    android:interpolator="@android:anim/accelerate_decelerate_
interpolator"
    android:fromXScale="1.0"
    android:toXScale="1.5"
    android:fromYScale="1.0"
    android:toYScale="0.5"
    android:pivotX="50%"
    android:pivotY="50%"
    android:fillAfter="false"
    android:duration="800" />
```

<scale> 元素表明这个动画在使用时会缩放。上面列出来的属性是关于如何控制缩放的。值得注意的是，这个效果的擦除是通过 interpolator 控制的。可以使用很多值来设置 android:interpolator。还有很多子类可以在下面这个网站找到：http://developer.android.com/reference/android/view/animation/BaseInterpolator.html。

如果你不止想要一个动画，可以使用 <set> 元素来嵌套多个 <set> 元素去按顺序运行那些动画，或者同时执行。

如想要 view 动画可以使用的属性的完整清单，请访问：http://developer.android.com/guide/topics/resources/animation-resource.html 。

Property 动画

View 动画对于处理特定动画和 view 非常有用，但不是每个你想添加动画效果的都是 view 或是四个基本动画之一。

Property 动画允许你给任何对象添加动画效果，包括 view。这提供了一些新的选择，因为你可能未曾想过一些动画属性，比如文字和背景颜色。

与 view 动画类似，你可以用 XML 定义 property 动画。property 动画的 XML 文件包含 <set> 元素，以及控制动画的 <objectAnimator> 和 <valueAnimator> 元素。与 view 动画的 XML 不同的是，Property 动画的 XML 文件要放到 res/animator 目录下。

下面是一个 property 动画的 XML 文件的例子：

```xml
<set android:ordering="sequentially">
  <set>
    <objectAnimator
      android:propertyName="x"
      android:duration="600"
      android:valueTo="500"
      android:valueType="intType"/>
    <objectAnimator
      android:propertyName="y"
      android:duration="600"
      android:valueTo="350"
      android:valueType="intType"/>
  </set>
  <objectAnimator
    android:propertyName="alpha"
    android:duration="800"
    android:valueTo="1f"/>
</set>
```

和 view 动画的 XML 文件类似，可以用 <set> 元素来控制是否或何时一起运行这些动画或独立的。在这个例子里，它包含一个有属性 android:ordering="sequentially" 的 <set> 元素，这个属性是告诉系统在运行下一个动画之前要从顶部开始执行任何子 <set> 元素。

如要调用 XML 里定义的动画，需要把 XML inflate 成一个 AnimatorSet 对象，以及使用 setTarget() 函数把动画 attach 到一个目标。语句如下：

```
AnimatorSet aniSet = (AnimatorSet) AnimatorInflater.loadAnimator
(myContext,R.anim.property_animator);
aniSet.setTarget(myObject);
aniSet.start();
```

请注意，我们使用 R.anim.property_animator 来加载 XML 文件，即使它存在于 res/animator 目录下。这是正常的行为，它和老的 Eclipse ADT 插件的 layout 编辑器有关，因为它只检查 res/animator 目录下的资源。

由于使用 property 动画需要的额外控制和复杂性，它比 view 动画要有更多的设置来创建动画。下面是三个扩展自 Animator 类的子类，你可以用来调整和创建 property 动画：

- **ValueAnimator**：这个子类用来处理 animation 中的数值计算。

- **ObjectAnimator**：这实际上是 ValueAnimator 的子类，使用 animation 值来确定目标对象。

- **AnimatorSet**：这个用来创建一系列互相关联的 animation。

ValueAnimator

ValueAnimator 允许你改变对象的值。这可以通过设置一个开始值、结束值和持续时间（ms），然后开始动画。

请注意，因为 ValueAnimator 不能直接改变对象或属性，你必须要实现 ValueAnimator. AnimatorUpdateListener。

下面是设置 ValueAnimator 的一个例子：

```
// 设置一个开始值和结束值
ValueAnimator animation = ValueAnimator.ofInt(1,20);

// 设置动画的持续时间为 1.5s
animation.setDuration(1500);

// 开始动画
animation.start();
```

不用调用 animation.start()，你可以基于动画目前的事件而执行动画的值的改变。

为了做到这一点，你可以使用下面的动画事件监听器：

- **onAnimationStart()**：动画开始时执行。

- **onAnimationRepeat()**：动画重复时执行。

- **onAnimationCancel()**：动画停止或取消时执行。

- **onAnimationEnd()**：动画结束时执行，不管它是如何结束的。当调用 onAnimationCancel() 时也会执行这个函数。

ObjectAnimator

ValueAnimator 不能直接在对象上调用，ObjectAnimator 允许你以一个对象属性为目标。下面的语句是如何使用 ObjectAnimator：

```
// Alpha 动画的目标 myObject
ObjectAnimator oAnimation = ObjectAnimator.ofFloat(myObject, "alpha",
0f);

// 设置持续时间为 1.5s
oAnimation.setDuration(1500);

// 开始动画
oAnimation.start();
```

正如推荐的那样，当动画开始时，对象 myObject 已经持续超过 1.5s 把 alpha 属性调整成 0（不可见）。

AnimatorSet

Animation 可以合并到一起，然后同时改变多个属性，同时运行，或者以 AnimatorSet 指定的顺序执行。

下面的例子是通过 ObjectAnimator 创建几个动画，然后把它加到一个序列来按顺序执行：

```
// 改变 alpha 和设置 1.5s 持续时间
ObjectAnimator fadeOut = ObjectAnimator.ofFloat(myObj, "alpha", 0f);
fadeOut.setDuration(1500);

// 改变对象的位置为 1.5s 持续时间
ObjectAnimator transX = ObjectAnimator.ofFloat(myObj, "translationX",
-300f,
    0f);
transX.setDuration(1500);

// 改变 alpha 从 0 到 1 为 1.5s 持续时间
ObjectAnimator fadeIn = ObjectAnimator.ofFloat(myObj, "alpha", 0f, 1f);
fadeIn.setDuration(1500);

// 创建 AnimatorSet
AnimatorSet animatorSet = new AnimatorSet();

// 先执行 fadeOut，然后执行 fadeIn 和 transX
animatorSet.play(fadeIn).with(transX).after(fadeOut);
```

```
// 开始动画序列
animatorSet.start();
```

通过使用 play()、with() 和 after() 函数,可以控制 AnimatorSet 中动画的执行时间。用在 after() 函数里先执行动画,当它完成后,其他函数会执行。

Drawable 动画

你可能想用的最后一类动画是 drawable 动画。看待这个的最佳方式是想创建一本手翻书,或者甚至是一个动画 GIF。

drawable 动画由 drawable 的一个列表组成,并通过一帧一帧地播发而形成。这些资源分组放在 XML 文件的 <animation-list> 元素里,而这个文件存放在项目的 /res/drawable 目录下。示例如下:

```
<animation-list xmlns:android="http://schemas.android.com/apk/res/android"
 android:oneshot="false">
  <item android:drawable="@drawable/andy_run1" android:duration="200" />
  <item android:drawable="@drawable/andy_run2" android:duration="200" />
  <item android:drawable="@drawable/andy_run3" android:duration="200" />
  <item android:drawable="@drawable/andy_run4" android:duration="200" />
  <item android:drawable="@drawable/andy_run5" android:duration="200" />
</animation-list>
```

请注意 android:oneshot="false" 的使用。这意味着动画会持续地从开始运行到结束。如果你只想执行一次动画,可以把这个值从 false 改成 true。

你可以在 onCreate() 函数里引用这个 XML 文件。当然,你也能通过几种不同的方法调用这个动画,包括使用一个 onTouchEvent:

```
// 设置使用的动画
ImageView andyImage = (ImageView) findViewById(R.id.andy_image);
andyImage.setBackgroundResource(R.drawable.andy_running);
andyAnimation = (AnimationDrawable) andyImage.getBackground();

// ...

public boolean onTouchEvent(MotionEvent event) {
  if (event.getAction() == MotionEvent.ACTION_DOWN) {
```

```
    andyAnimation.start();
    return true;
}
return super.onTouchEvent(event);
```

提示

有些动画为了显得平滑和光滑，它可能需要使用很多张位图。这意味着你选择动画时，需要考虑文件大小和动画平滑效果之间的平衡。这对于在可穿戴式设备上使用动画时尤其重要。

Transition 框架

Transition 框架是在 Android 4.4 上加的，它允许开发者创建渐变 / 过渡的场景。当你有两个不同的 view 层次结构，并想在它们之间切换时，这种框架显得很有用。

这可以通过使用开始和结束的 layout 作为场景，然后把一个通过 TransitionManager 控制的渐变 / 过渡的效果应用于它们上面。

警告

包含 AdapterView 或 ListView 的 View 与 Transition 框架不兼容。如果尝试使用这两个中的任意一个，都会出现反应迟钝的 UI。

因为将会有两个场景，所以先在 XML 中定义它们。首先，/res/layout/scene_a.xml 的内容如下：

```xml
<?xml version="1.0" encoding="utf-8"?>
<RelativeLayout xmlns:android="http://schemas.android.com/apk/res/
                                android"
  android:id="@+id/scene_container"
  android:layout_width="match_parent"
  android:layout_height="match_parent" >

  <TextView
    android:layout_width="wrap_content"
    android:layout_height="wrap_content"
    android:text="TextView 1"
    android:id="@+id/textView"
    android:layout_alignParentTop="true"
```

```
    android:layout_alignParentStart="true" />

  <TextView
    android:layout_width="wrap_content"
    android:layout_height="wrap_content"
    android:text="TextView 2"
    android:id="@+id/textView2"
    android:layout_alignParentTop="true"
    android:layout_alignParentEnd="true" />

  <Button
    android:layout_width="wrap_content"
    android:layout_height="wrap_content"
    android:text="Go!"
    android:id="@+id/button"
    android:layout_centerVertical="true"
    android:layout_centerHorizontal="true" />

</RelativeLayout>
```

/res/layout/scene_b.xml 的内容如下：

```
<?xml version="1.0" encoding="utf-8"?>
<RelativeLayout xmlns:android="http://schemas.android.com/apk/res/
                              android"
  android:id="@+id/scene_container"
  android:layout_width="match_parent"
  android:layout_height="match_parent" >

  <TextView
    android:layout_width="wrap_content"
    android:layout_height="wrap_content"
    android:text="TextView 2"
    android:id="@+id/textView2"
    android:layout_alignParentTop="true"
    android:layout_alignParentStart="true" />

  <TextView
    android:layout_width="wrap_content"
```

```
    android:layout_height="wrap_content"
    android:text="TextView 1"
    android:id="@+id/textView"
    android:layout_alignParentTop="true"
    android:layout_alignParentEnd="true" />
```

```
</RelativeLayout>
```

这里不是使用三个不同的 layout XML 文件，而是给 RelativeLayout 一个 scene_container 的 ID，用以表明这是一个包含转换场景的包含元素。设置 ID 是非常重要的，因为它要用来初始化场景的设置。

下面是设置场景和转换需要的代码：

```
Scene mySceneA;
Scene mySceneB;

@Override
protected void onCreate(Bundle savedInstanceState) {
  super.onCreate(savedInstanceState);
  setContentView(R.layout.scene_a);

  RelativeLayout mySceneRoot = (RelativeLayout)findViewById(R.id.scene_
                                container);
  mySceneA = Scene.getSceneForLayout(mySceneRoot, R.layout.scene_a,
                                this);
  mySceneB = Scene.getSceneForLayout(mySceneRoot, R.layout.scene_b,
                                this);

  Button button = (Button)findViewById(R.id.button);
  button.setOnClickListener(new View.OnClickListener() {
    @Override
    public void onClick(View v) {
        TransitionManager.go(mySceneB);
    }
  });
}
```

当上述代码运行时，默认的转换会执行。这在不同的安卓版本上可能有所变化，但这

通常是一个淡入 / 淡出的转换。

如果你想要指定一个自己的转换，可以在 XML 里创建一个转换，或者通过使用某一个子类（比如 Fade()）来调用它。

通过在 transition　XML 里使用 transitionSet，你可以使用多种转换。下面是一个 transition XML 文件的例子，它位于项目的 res/transitions/transition_fader.xml 中：

```
<transitionSet xmlns:android="http://schemas.android.com/apk/res/
                             android"
    android:transitionOrdering="sequential">
  <fade android:fadingMode="fade_out" />
  <changeBounds />
  <fade android:fadingMode="fade_in" />
</transitionSet>
```

这个转换会连续运行（这得归功于设置 android:transitionOrdering="sequential"），元素淡出，应用属性变化，然后元素淡入。

如果你决定使用 XML 文件来实现转换，则需要在代码里把它 inflate，语句如下：

```
Transition myTransitionFader = TransitionInflater.from(this)
    .inflateTransition(R.transition.transition_fader)
```

现在，场景和转换都已经定义了，你可以执行下面的代码来启动转换：

```
TransitionManager.go(mySceneB, myTransitionFader);
```

总结

在这一章中，你学到了工具、框架和其他实用知识，这些可以用来给你的应用添加图像，而且它们提供了一个很好的接口来把数据和应用的表现层结合在一起。

从位图开始，你会了解到在应用里使用 PNG、JPEG 和 GIF 图片。另外，这些图片可以用 ImageView 来显示。

你还学到 NinePatch 和它们如何成为一些很小的图片资源文件并可以用于背景图，以及包含可以拉伸的重复性片段。应用可以使用 sdk/tools 目录里的 draw9patch 工具进行 NinePatch 图片的导入和调整。

你还会了解到 drawable，包括使用每个安卓版本捆绑的那些。另外，放在 res/

drawable 目录的图片可能会被优化因而质量有所不同。使用 drawable 和 canvas，可以使用原始 shape 来创建 2D 对象。

然后，你也会对使用 OpenGL ES 有一些了解，以及它和每个版本的安卓兼容的版本。我们还会给出一个例子，关于使用 GLSurfaceView 来渲染图片和如何设置属性。

最后，你会了解到动画如何工作，包括动画的 view、property 和 drawable。还有转换框架如何用来计算和显示从一个场景到另一个场景的变化。

10

网络

安卓中的网络是随着每个版本的发布而稳定提高的一部分。虽然网络连接一旦创建就会开始执行，但不管使用 Volley 库还是别的，它们均可以排队发送、处理，甚至取消。在这一章，你会学到使用 HTTP 客户端连接到 Internet，如何处理 XML，以及为什么应用必须使用 AsyncTask 进行网络通信，如何使用 Volley。

访问 Internet

如果你的应用不是完全独立的，则需要连接到 Internet。保存信息、访问数据源，或者获取更新文件都需要访问 Internet。

如果连接到互联网，应用 manifest 需要有下列权限：

```
<uses-permission android:name="android.permission.INTERNET" />
<uses-permission android:name="android.permission.ACCESS_NETWORK_STATE"/>
```

INTERNET 权限用来允许你的应用做一些 Internet 的出站请求。ACCESS_NETWORK_STATE 权限用来访问设备上的 radio 或 Wi-Fi 适配器。

还有一点也很重要，请记住网络活动必须在一个单独的线程，而不是主线程或 UI 线程。如果在主线程执行网络操作，将会导致执行异常或 ANR 错误。

网络检测

使用网络功能很重要的一个方面是要保证你在使用之前确定已经有了一个连接。当你有一个连接时，如果能够检测到，这对数据排队也有是用的，直到连接变得可用。

检查连接需要使用 ConnectivityManager，然后是 getActiveNetworkInfo() 函数，接下来是对活动的网络调用 isConnected()。代码清单 10.1 是一个 Activity 的例子，用来

表明如何实现这一点。

代码清单 10.1　检查网络状态

```
public void onClick(View view) {

ConnectivityManager connMgr = (ConnectivityManager)
    getSystemService(Context.CONNECTIVITY_SERVICE);
NetworkInfo networkInfo = connMgr.getActiveNetworkInfo();
if(networkInfo != null && networkInfo.isConnected()) {
    Toast connectedToast = Toast.makeText(getApplicationContext(),
        "Network connected!", Toast.LENGTH_SHORT);
    connectedToast.show();
} else {
    Toast disconnectedToast = Toast.makeText(getApplicationContext(),
        "No network connection!", Toast.LENGTH_SHORT);
    disconnectedToast.show();
}


}
```

在上面的例子中，一个 onClick() 函数用来触发对网络状态的检查。connMgr 创建后，与 networkInfo 一起用来获取网络的目前状态。如果 networkInfo 不是空的，而且网络是连上的，屏幕上就会弹出一个 toast 告诉用户网络已连接上。因此，如果 networkInfo 是空的，或者 isConnected() 不返回 true，设备上会弹出一个消息 "No network connection"。

请注意，不管是 Wi-Fi 还是移动数据连接，都会触发 isConnected() 返回 true。测试的时候，你可以使用飞行模式关闭网络连接，这样可以在无网络的情况下测试应用。如果你想专门检查 Wi-Fi 或移动数据，获取 networkInfo 时就需要指定类型。

使用如下代码检查 Wi-Fi：

```
NetworkInfo networkInfo = connMgr.getNetworkInfo(ConnectivityManager.
TYPE_WIFI);
```

检查移动数据连接的代码如下：

```
NetworkInfo networkInfo = connMgr.getNetworkInfo(ConnectivityManager.
TYPE_MOBILE);
```

图 10.1 显示运行这个代码的一个应用，当按下一个按钮时，它会弹出 toast 消息。

图 10.1 左边是有网络连接，右边是没有网络连接

使用 HTTP 客户端

从开始就用安卓的开发者可能对使用 HttpURLConnection 和 Apache 的 HttpConnection HTTP 客户端都比较熟悉。就像它代表的那样，对于任何目标是 Gingerbread（Android 2.3，API level 10）和以上的新应用，Google 推荐使用 HttpURLConnection 客户端。

当使用 HTTP 客户端时，你需要创建客户端、准备请求、处理返回、关闭连接。关闭请求很重要，用于确保设备资源能被释放和再次使用。

代码清单 10.2 列出了使用 HttpURLConnection 需要创建和释放 HTTP 连接的代码。

代码清单 10.2 创建和关闭 HTTP 连接

```
URL url = new URL("http://www.google.com/");
HttpURLConnection urlConnection = (HttpURLConnection) url.open
Connection();
try {
    // 把 response 存到一个 InputStream
    InputStream in = new BufferedInputStream(urlConnection.getInput
Stream());
    // 解析 response
    parseStream(in);
} finally {
    // 释放连接
    urlConnection.disconnect();
}
```

　　请注意，这个例子只展示了创建和关闭连接的基本方法，但是你需要创建自己的函数来解析网络的 response。

　　处理安全或 HTTPS 连接也是一样的。在这种情况下，它会返回 HttpsURLConnection。

　　随着安卓每个版本的发布，它都会添加新受信任的证书颁发机构。这意味着如果尝试连接到一个拥有由受信任证书颁发机构签发的证书的网站时，你的连接是没问题的。如果你遇到握手错误，则需要把那个连接作为受信任的资源加到应用。更多信息请看 https://developer.android.com/training/articles/security-ssl.html。

　　当使用一个 HTTP 客户端时，不仅可以从连接中读取信息，还可以通过连接中传递信息。传递信息的流程和获取信息类似。创建连接后，设置连接发送数据，数据发送后，关闭连接。代码清单 10.3 介绍了这是如何实现的。

代码清单 10.3　创建一个传输数据的连接

```
// 创建连接
HttpURLConnection urlConnection = (HttpURLConnection) url.openConnection();
try {
  // 我马上要 push 了，因此把 setDoOutput 设置为 true
  urlConnection.setDoOutput(true);
  // 我不知道 response 正文的准确大小
  urlConnection.setChunkedStreamingMode(0);

  // 创建 response 正文
  OutputStream out = new BufferedOutputStream(urlConnection.
getOutputStream());
  // 用一个函数通过连接发生信息
  writeStream(out);

  // 保存 response 到 InputStream
  InputStream in = new BufferedInputStream(urlConnection.getInputStream());
  // 解析 response
  parseStream(in);
} finally {
  // 关闭 response
  urlConnection.disconnect();
}
```

现在你已经明白了如何使用 HTTP 客户端获取和发送数据，接下来是时候学习使用 XML 了。

解析 XML

XML 仍然是用于数据传输的一个常用选择。不管数据是在地图上创建标签，还是网站上更新内容的数据源，使用 XML 处理都是非常好的选择。

如要使用 XML 进行解析，步骤如下：

1. 决定你要想使用的元素。

2. 实例化解析器。

3. 读取 XML 源。

4. 解析结果。

5. 消化 XML。

决定使用哪些元素是应用架构的一部分。你应该考虑好 XML 的结构是什么样的，以及你对哪些元素比较感兴趣。如果你有一些元素不感兴趣，可以在解析的过程中跳过它们。

Google 目前推荐使用 `XmlPullParser` 来处理 XML。下面是实例化解析器的代码：

```
XmlPullParser parser = Xml.newPullParser();
```

注意，你可以通过设置 `FEATURE_PROCESS_NAMESPACE` 为 `false` 来忽略解析的 namespace。下面是如何使用 `setFeature()` 函数来实现：

```
parser.setFeature(XmlPullParser.FEATURE_PROCESS_NAMESPACES, false);
```

当解析 XML 数据时，你要创建函数去读取需要的每个元素。这是非常有用的，因为每个 tag 都可能包含不同类型的数据，它允许你按选择的方式来处理数据。代码清单 10.4 显示了使用两个函数查找需要的元素，然后把它们的文本值从元素中读出。

代码清单 10.4   从一个 XML 元素中获取文本值

```
private String readFirstName(XmlPullParser parser) throws IOException,
XmlPullParserException {
  parser.require(XmlPullParser.START_TAG, ns, "firstname");
  String firstName = readText(parser);
  parser.require(XmlPullParser.END_TAG, ns, "firstname");
  return firstName;
}

private String readText(XmlPullParser parser) throws IOException,
XmlPullParserException {
  String textValue = "";
  if (parser.next() == XmlPullParser.TEXT) {
    textValue = parser.getText();
    parser.nextTag();
  }
  return textValue;
}
```

代码清单 10.4 中，你可以看到 require() 函数最开始用来定义开始的 tag，后者会被在解析的 XML 中搜索到。在这个例子中，它查找的是 <firstname>。当这个 tag 被找到时，一个名叫 firstName 的字符串会被设置为 readText() 函数的返回值。

为了从 <firstname> 元素里获取文本，readText() 函数创建一个空字符串，然后解析元素得到文本。如果找到文本，会把它填充到字符串。否则，这个函数返回空字符串。

如果你想解析某一个特定属性的值，则可以通过使用 XmlPullParser 的函数 getAttributeValue(String namespace, String name) 函数，语句如下：

```
String altPropertyValue = parser.getAttributeValue(null, "alt");
```

当你需要解析内嵌的 tag 时，使用一个允许你跳过 tag 的函数。这能确保你获取到想要的数据。代码清单 10.5 显示了一个可能有用的 skip 函数。

代码清单 10.5   解析内嵌 XML 元素的 skip 函数

```
private void skip(XmlPullParser parser) throws XmlPullParserException,
IOException {
  // 如果当前事件与开始标记不匹配，则抛出异常
  if (parser.getEventType() != XmlPullParser.START_TAG) {
    throw new IllegalStateException();
  }
  // 创建一个计数器来跟踪深度
  int depth = 1;
  // 使用 while 循环查找元素的末尾
  while (depth != 0) {
    // 使用 switch 遍布嵌套的元素
    switch (parser.next()) {
      case XmlPullParser.END_TAG:
      depth--;
      break;
      case XmlPullParser.START_TAG:
      depth++;
      break;
    }
  }
}
```

因为计数器或 depth 设置为 1，这个切换会基于遇到的元素或事件类型而触发。while 循环用来保持这个处理，直到 depth 的值设置为 0 而关闭元素。

消化 XML 会基于应用和需要而不同，但是，这通常包含上面的步骤以及一个 AsyncTask 来做数据请求，把输出保存到 stream，然后处理 stream 来获取需要的值。

使用 AsyncTask 对应用成功来说是非常重要的，要尽量避免工作在主 UI 线程上。在下面的章节中，你会学到为什么这是需要的，以及如何创建和处理 AsyncTask。

网络操作异步处理

用户期望这个应用在他们的设备上运行得尽量快。这包括你的应用可能在 UI 级别出现的任何滞后。这应该不是值得惊讶的事情，默认情况下，安卓系统禁止在 UI 主线程执

行某项活动和处理。但是，我们使用 AsyncTask 做处理逻辑来解决这个问题。

对于网络处理，你应该使用 AsyncTask 来减少通信和处理逻辑的负载。请记住，你也应该通知用户网络事件的开始，否则，它可能会导致等待第一个请求返回时用户创建多个连接或操作。

对于应用来说，判断请求的 URL 是否可用，或者它是否有错误，这一点应该是很有用的。通过使用 getResponseCode() 函数，你可以判定要连接的服务器的状态。代码清单 10.6 阐述了这一点。

代码清单 10.6　使用 getResponseCode() 函数来判定服务器状态

```
private class CheckUrlTask extends AsyncTask<String, Void, String> {
@Override
  protected String doInBackground(String... urls) {
    try {
      return urlResponse(urls[0]);
    } catch (IOException e) {
      return "Unable to retrieve web page. URL may be invalid.";
    }
  }
  // onPostExecute 显示 AsyncTask 的结果
  @Override
  protected void onPostExecute(String result) {
    Toast responseToast = Toast.makeText(getApplicationContext(),

      "URL responded with "+result, Toast.LENGTH_SHORT);
    responseToast.show();
  }
}
private String urlResponse(String checkUrl) throws IOException {
  InputStream is = null;

  try {
    URL url = new URL(checkUrl);
    HttpURLConnection conn = (HttpURLConnection) url.openConnection();
    conn.setReadTimeout(10000 /* ms */);
```

```
        conn.setConnectTimeout(15000 /* ms */);
        conn.setRequestMethod("GET");
        conn.setDoInput(true);
        // 尝试连接
        conn.connect();
        int response = conn.getResponseCode();

        Log.d(DEBUG_TAG, "The response is: " + response);
        is = conn.getInputStream();

        return String.valueOf(response);

        // 关闭 InputStream
    } finally {
    if (is != null) {
        is.close();
    }
    }
}
```

CheckUrlTask 类扩展自 AsyncTask，它允许从 UI 线程单独运行。这有助于保持应用反应敏捷，并保护应用在网络滞后或延迟时不崩溃。实际上，如果不专门指定应用在 UI 线程上运行，你会在应用运行时收到 NetworkOnMainThread 错误。当 CheckUrlTask() 运行时，它会尝试加载传递给它的 URL，通过使用 onPostExecute()，它会把 urlResponse() 函数返回的结果用一个 toast 显示出来。

urlResponse() 函数创建一个 InputStream，它可用来保存发给远程服务器的 HTTP 请求的值。

另一个处理网络连接的方式是 Volley，包括排队和取消。

Volley

Volley 是开发者使用的一个 HTTP 库，我们可以用它来管理和调度网络连接。Volley 对于数据更新 widget 和返回搜索结果，或者甚至是作为网络资源缓存都非常有用。Volley 库可以从安卓开源项目 https://android.googlesource.com/platform/frameworks/volley 下载。

如要开始使用 Volley，则需要找一个编译好的 volley.jar 文件克隆代码仓库，然后把这个克隆作为库项目导入，或你需要执行编译脚本来制作自己的 volley.jar 文件。

如要使用 GIT 克隆代码仓库，则可以执行下面的命令：

```
git clone https://android.googlesource.com/platform/frameworks/volley
```

克隆代码仓库之后，打开一个终端控制台，进入相应的目录，然后执行下面的编译脚本（前提是必须安装有 Apache Ant）：

```
android update project -p .
ant jar
```

如果在终端运行 ant 不工作，请确保你已经把 Ant 的 bin 目录加入到系统路径或环境变量。

当编译脚本完成之后，你应该有一个可以用于安卓项目的 volley.jar 文件。取决于你使用的 IDE，这可能只需要简单地把这个文件复制到 lib 目录，或已经复制，然后用鼠标右键单击 .jar 文件，选择添加为库，而后执行一个清除 / 编译应用。

一旦 jar 或库工程已经加到你的应用，请确保把 android.permission.INTERNET 加到应用 manifest。

因为 Volley 创建之后的事情对开发者来说就更容易，我们还创建了几个方便的函数来帮你执行其他手动任务。为了阐述这一点，而不是手动创建一个队列来处理网络请求，可以用如下语句实现：

```
RequestQueue queue = Volley.newRequestQueue(this);
```

这是创建了一个队列用来处理添加的请求。如要添加一个请求，则需要创建一个，然后在队列对象上使用 .add 函数。代码如下：

```
String url = "http://developer.android.com/";
StringRequest stringRequest = new StringRequest(Request.Method.GET, url,
    new Response.Listener() {
      @Override
      public void onResponse(String response) {
          // 服务器回应了，在此处理 response
      }
    }, new Response.ErrorListener() {
      @Override
```

```
    public void onErrorResponse(VolleyError error) {
        // 在此处添加错误信息
    }
});
queue.add(stringRequest);
```

可以创建多个请求，然后把它们放在后台由工作线程处理。结果会传递给主 UI 线程，允许更新控制和 widget。需要数据的请求可能会被缓存里的数据更新，因此可以加速处理和节省网络往返。

另一个使用 Volley 的好处是可以把队列里不再需要的请求停掉。如要停掉请求，需要把它们标记到调用的 Activity，语句如下：

```
public static final String TAG = "DataRequestTag";
StringRequest stringRequest;
RequestQueue queue;

// 对 request 做个标签
stringRequest.setTag(TAG);

// 对 request 进行排队
queue.add(stringRequest);

Now that the requests have been tagged, you can cancel them from
processing from the onStop() method of your Activity:

@Override
protected void onStop () {
    super.onStop();
    if (queue != null) {
        queue.cancelAll(TAG);
    }
}
```

现在，我们已经覆盖了使用 stringRequest，但是有一些其他的请求是编进了 Volley。你也可以创建 ImageRequest、JsonObjectRequest 和 JsonArrayRequest。

当创建 ImageRequest 时，需要有一个 ImageView 来存放图片，以及图片所在的 URL。一旦有这些之后，就可以创建请求。一个 ImageRequest 通常如下：

```
ImageRequest request = new ImageRequest(url,
    new Response.Listener() {
        @Override
        public void onResponse(Bitmap bitmap) {
            // 设置图片
            mImageView.setImageBitmap(bitmap);
        }
}, 0, 0, null,
    new Response.ErrorListener() {
        public void onErrorResponse(VolleyError error) {
            // 使用错误资源来处理错误
            mImageView.setImageResource(R.drawable.image_load_error);
        }
});
```

你可能会注意到这个例子没有 add() 函数。这是因为你使用图片时可能在用一个单列类。如果你需要一个创建单列的例子，请参考 https://developer.android.com/training/volley/requestqueue.html#singleton。

添加类之后，就可以对 ImageRequest 进行排队，语句如下：

```
MySingleton.getInstance(this).addToRequestQueue(request);
```

如用 JSON 数组或对象，你应该分别使用 JsonArrayRequest 或 JsonObjectRequest。下面是使用 JSON 对象的例子：

```
JsonObjectRequest jsonObjRequest = new JsonObjectRequest
        (Request.Method.GET, url, null, new Response.Listener() {

    @Override
    public void onResponse(JSONObject response) {
        // 处理 response
    }
}, new Response.ErrorListener() {

    @Override
    public void onErrorResponse(VolleyError error) {
        // 处理错误
    }
});
```

处理 JSON 数据也可能要求使用单列类，队列的使用类似于如何使用 `ImageRequest`:

```
MySingleton.getInstance(this).addToRequestQueue(jsonObjRequest);
```

总结

在这一章，你学到了使用 HTTP 客户端，以及如何建立连接和发送数据。你也学到了如何通过 XML 解析数据，使用 skip 函数帮助返回所需的数据。你还了解到为什么处理网络功能时要使用 `AsyncTask`。最后，通过使用 Volley 库，你可以更好地控制网络连接和请求。

11
Location 数据处理

许多应用受益于添加了对 location（地理位置）数据的支持或处理。有很多关于如何使用 location 的例子，以及为什么它是重要的。在这一章，你会学到如何访问和使用 location 数据。

第一眼看上去处理 location 数据很简单。大多数安卓设备都包含一个 GPS 或类似的传感器，因此，很容易相信通过简单地打开这个传感器，你就应该可以访问到想要的数据。

然而实际情况不是那样的。用户可能不希望打开设备传感器，因为那会减少电池寿命，而且没有明显的收益。有些用户可能不想把他们的精确运动和位置记录下来，并且会关闭所有的 location 服务和提供者。

但是这并不意味着结束，因为安卓提供了处理 location 数据的几种方法。根据所需要的数据的不同，你的应用需要权限来访问传感器数据。

权限

由于处理 location 数据的敏感性，权限请求需要加到应用中。你可以请求使用一个粗或细的位置。

权限 ACCESS_COARSE_LOCATION 不用 GPS 传感器数据，而是返回精确度在一个城市街区以内的位置。这个信息是通过手机信号塔和设备 Wi-Fi 数据提取出来的。

对于很多应用，这是可以接受的位置数据量，因为返回这些信息对于显示用户城市或区域相关信息就足够了。

添加这个权限到应用 manifest 里的方法与其他权限类似：

```
<uses-permission android:name="android.permission.ACCESS_COARSE_
```

```
LOCATION"/>
```

提供天气预报或城市区域性广告的应用应该可以从这种类型的 location 数据中受益。在这些类型的应用中，精确的用户 location 数据不是必须要的。

> **注意**
>
> 　　如果你的应用中正在使用一个广告服务，你应该评审一下他们的需求，因为一些广告要求精确或细的用户位置，目的是为了遵从他们的服务条款。如果你想延长电池寿命而不要求用 GPS 信息，则可能需要找其他的广告服务。

如要把事情提升一个档次，而通过使用 GPS 或类似传感器数据以及被动 location 提供者来获取用户的精确 location，可以使用 ACCESS_FINE_LOCATION：

```
<uses-permission android:name="android.permission.ACCESS_FINE_
LOCATION"/>
```

为了阐述这些 location 是如何报告的差异，我们准备了一个简单的应用来获取设备 location，然后单击按钮时显示它。这可通过使用 Activity、service、layout，以及添加权限到应用 manifest 里来实现。代码清单 11.1 显示了应用 Activity 的内容。

代码清单 11.1　MainActivity.java 的内容

```
package com.dutsonpa.mylocation;

import android.app.AlertDialog;
import android.content.DialogInterface;
import android.content.Intent;
import android.location.Location;
import android.location.LocationManager;
import android.os.Bundle;
import android.provider.Settings;
import android.support.v7.app.AppCompatActivity;
import android.view.Menu;
import android.view.MenuItem;
import android.view.View;
import android.widget.Button;
import android.widget.TextView;
import android.widget.Toast;
```

```java
public class MainActivity extends AppCompatActivity {

  Button buttonFineLocation;
  Button buttonCoarseLocation;
  MyLocationService myLocationService;
  TextView textViewResults;

  @Override
  protected void onCreate(Bundle savedInstanceState) {
    super.onCreate(savedInstanceState);
    setContentView(R.layout.activity_main);
    textViewResults = (TextView)findViewById(R.id.textViewResults);
    // 使用一个 service 来定位以避免阻塞 UI 线程
    myLocationService = new MyLocationService(MainActivity.this);

    // 创建 GPS 按钮单击
    buttonFineLocation = (Button) findViewById(R.id.buttonFineLocation);
    buttonFineLocation.setOnClickListener(new View.OnClickListener() {
      @Override
      public void onClick(View v) {

        Location fineLocation =
            myLocationService.getLocation(LocationManager.GPS_PROVIDER);

        if (fineLocation != null) {
          double latitude = fineLocation.getLatitude();
          double longitude = fineLocation.getLongitude();
          textViewResults.setText("GPS: \nLatitude: " + latitude
              + "\nLongitude: " + longitude);
        } else {
          // GPS 目前没有开启，用户需要开启它
          showProviderDialog("GPS");
              textViewResults.setText("Please enable the GPS to receive
location");
        }
      }
```

```java
    });

    // 创建网络供应商按钮单击
    buttonCoarseLocation = (Button) findViewById(R.id.buttonCoarseLocation);
    buttonCoarseLocation.setOnClickListener(new View.OnClickListener() {
      @Override
      public void onClick(View v) {
        // 从服务获取位置
        Location coarseLocation = myLocationService
        .getLocation(LocationManager.NETWORK_PROVIDER);
        if (coarseLocation != null) {
          double latitude = coarseLocation.getLatitude();
          double longitude = coarseLocation.getLongitude();
            textViewResults.setText("Network Provided: \nLatitude: " +
latitude
            + "\nLongitude: " + longitude);
        } else {
          // 没有网络供应商，用户需要开启它
          showProviderDialog("NETWORK");
            textViewResults.setText("Please enable WiFi to receive
location");
        }
      }
    });
  }

  public void showProviderDialog(String provider) {

    // 创建一个 AlertDialog
    AlertDialog.Builder alertDialogBuilder = new AlertDialog.Builder(this)
    .setTitle(provider + " SETTINGS")
    .setMessage(provider
        + " is not enabled. Would you like to enable it in the settings
menu?")
    .setPositiveButton("Settings",
      new DialogInterface.OnClickListener() {
        public void onClick(DialogInterface dialog, int which) {
          Intent intent = new Intent(
```

```
        Settings.ACTION_LOCATION_SOURCE_SETTINGS);
      MainActivity.this.startActivity(intent);
    }
  })
  .setNegativeButton("Cancel",
    new DialogInterface.OnClickListener() {
      public void onClick(DialogInterface dialog, int which) {
        dialog.cancel();
      }
    });


    // 显示 AlertDialog
  AlertDialog alertDialog = alertDialogBuilder.show();
}


@Override
public boolean onCreateOptionsMenu(Menu menu) {
  // Inflate 菜单，如果有的话它会把相应的条目添加到 actionbar
  getMenuInflater().inflate(R.menu.menu_main, menu);
  return true;
}


@Override
public boolean onOptionsItemSelected(MenuItem item) {
  // 这里处理 actionbar 条目的单击。Action bar 会自动处理 Home/Up 按钮的单击，只要
  // 在 AndroidManifest.xml 里指定一个 parent activity
  int id = item.getItemId();

  // 不检查简单的 If 语句
  if (id == R.id.action_settings) {
    return true;
  }

  return super.onOptionsItemSelected(item);
}
}
```

如果把这个 Activity 浏览一遍，你会发现它包含两个 button 的定义：一个用于获取 location 的服务，另一个是 TextView 的定义。onCreate() 函数设置要用的 layout，然后给 TextView 设置值。还定义了 service，而 Activity 作为 context 传给 service。这个 service 用于防止阻塞在 UI 线程，它的目的是避免 ANR 错误和异常。

然后是定义了 button 的单击事件。每个都含有一个针对是否可以从 GPS 或网络提供者获取 location 的检查。当 location 存在时，经度和纬度会被设置成 double 值，然后插入到页面中的 TextView。

如果 location 获取不到，就会调用 showProviderDialog() 函数，它会传一个 GPS 或 NETWORK 的 String。这种方法使用建造者模式来生成一个 AlertDialog。这种模式用来给 AlertDialog 的所有元素设置值，它通过在 AlertDialog 显示之前，也就是执行 alertDialogBuild.show() 时，先给 AlertDialog 的所有元素设置值。

使用 AlertDialog 允许你告知用户传感器的状态，而且给他们提供了一个机会来获取设备设置去开启被收集的数据。因为 alert dialog 包含一个 "positive" 按钮和一个 "negative" 按钮，用户如果不想开启这些 location 传感器，可以选择取消操作。

图 11.1 显示了当设备没有任何网络数据时一个 alert dialog 会出现在屏幕上。

注意

你不能直接在应用里打开 GPS，否则会违反应用和用户之间的信任和安全。你可以检测 GPS 是否关闭，然后允许用户通过系统设置来打开它。当应用报告 location 数据时，这会给终端用户一种舒适控制的感觉。

图 11.1　通过单击设置按钮，用户会看到设备的 location 共享设置

代码清单 11.2 显示了主 Activity 引用的 service 的内容。

代码清单 11.2　MyLocationService.java 的内容

```
package com.dutsonpa.mylocation;

import android.app.Service;
import android.content.Context;
import android.content.Intent;
import android.location.Location;
import android.location.LocationListener;
import android.location.LocationManager;
import android.os.Bundle;
import android.os.IBinder;

public class MyLocationService extends Service implements LocationListener {

    protected LocationManager locationManager;
    Location location;

    // 创建一个以米（m）为单位的距离值用于更新频率
```

```
private static final long UPDATE_DISTANCE_FILTER = 10;
// 创建一个两分钟的值用于更新频率
private static final long UPDATE_MIN_FREQUENCY = 1000 * 60 * 2;

/*
 * 请注意，如果使用 "0" 作为变量的值会导致它尽设备最大可能进行更新，但是这会需要消耗很多
 * 的电池电量，因此我们需要尽量避免使用 "0"。
 */

public MyLocationService(Context context) {
  locationManager = (LocationManager)
    context.getSystemService(LOCATION_SERVICE);
}

// 创建一个 getter 获取位置信息
public Location getLocation(String provider) {
  // location provider 是否已经开启?
  if (locationManager.isProviderEnabled(provider)){
      locationManager.requestLocationUpdates(provider, UPDATE_MIN_
FREQUENCY,
      UPDATE_DISTANCE_FILTER, this);
    // 它是两分钟或移动 10m?
    if (locationManager != null){
      // 有一个 provider，该发送 location 更新
      location = locationManager.getLastKnownLocation(provider);
      return location;
    }
  }
  // Location provider 没有开启，返回空
  return null;
}

@Override
public IBinder onBind(Intent intent) {
  return null;
}

@Override
```

```
public void onLocationChanged(Location location) {
    // Location 改变的相关逻辑
}

@Override
public void onStatusChanged(String provider, int status, Bundle extras) {
    // 状态改变的逻辑
}

@Override
public void onProviderEnabled(String provider) {
    // Provider 被开启的逻辑
}

@Override
public void onProviderDisabled(String provider) {
    // Provider 被禁用的逻辑
}
}
```

从类声明开始，你可以看到它实现了 LocationListener。这是一个允许 location 信息更新的接口。它包含了 4 个公共函数，你可以在 location 管理的生命周期中使用它们执行相关逻辑。在这个例子中，这些公共类都没用，而是加了一个 @Override 的注解，以及一个注释来解释每个都是干什么的。

定义 LocationManager 用来管理什么样的 location 提供者可用，以及管理更新的频率。Location 也定义成一个对象，因此，location 数据可以通过 service 来设置和传递。

定义了一个 MyLocationService 后，它要求传入一个 context。而后，它设置对象 LocationManager 的值，因此它有一个定义正确的 context。

getLocation() 函数是在这个 service 中做大多数运输工作的获取者函数。刚开始它检查开启的 location 提供者。如果 location 没找到，这个方法会返回空值。当 location 提供者存在时，可以通过提供 provider、更新频率更新距离频率和 this，也就是这个类中实现的 LocationListener 来使用 requestLocationUpdates()。

当找到一个更新时，LocationManager 会被填充，然后设置使用 getLast KnownLocation() 函数。这个函数会为设备上一个已知的 location 来使用经度和纬度数据来填充 location。

　　现在，service 已经创建了，你需要确保已经在应用 manifest 里添加正确的权限。由于这个应用要用 GPS 获取 location 数据，则需要用 ACCESS_FINE_LOCATION。

> **注意**
>
> 　　使用 ACCESS_FINE_LOCATION 意味着你用的是一个比 ACCESS_COARSE_LOCATION 更大的权限请求。因为这个，你不需要包含两个权限，因为后者（粗略的 location 权限）已经隐含了。

　　应用的 layout 包含一个 RelativeLayout，它有两个 TextView 和两个 Button。代码清单 11.3 显示了应用使用的 layout 的内容。

代码清单 11.3　activity_main.xml 的内容

```xml
<RelativeLayout xmlns:android="http://schemas.android.com/apk/res/android"

  xmlns:tools="http://schemas.android.com/tools"
  android:layout_width="match_parent"
  android:layout_height="match_parent"
  android:paddingLeft="@dimen/activity_horizontal_margin"
  android:paddingRight="@dimen/activity_horizontal_margin"
  android:paddingTop="@dimen/activity_vertical_margin"
  android:paddingBottom="@dimen/activity_vertical_margin" tools:context=".MainActivity">

  <TextView android:text="@string/hello_world"
    android:layout_width="wrap_content"
    android:layout_height="wrap_content"
    android:id="@+id/textView" />

  <Button
    android:layout_width="wrap_content"
    android:layout_height="wrap_content"
    android:text="GPS (FINE) Location"
    android:id="@+id/buttonFineLocation"
    android:layout_marginTop="50dp"
    android:layout_below="@+id/textView"
```

```
    android:layout_centerHorizontal="true" />

  <Button
    android:layout_width="wrap_content"
    android:layout_height="wrap_content"
    android:text="Network Provided (COARSE) Location"
    android:id="@+id/buttonCoarseLocation"
    android:layout_below="@+id/buttonFineLocation"
    android:layout_centerHorizontal="true" />

  <TextView
    android:layout_width="wrap_content"
    android:layout_height="wrap_content"
    android:text="Location Data will appear here"
    android:id="@+id/textViewResults"
    android:layout_alignParentBottom="true"
    android:layout_centerHorizontal="true" />
 </RelativeLayout>
```

在 layout XML 中，你可以看到 ID 设置和在主 activity 中的应用。你也会注意到，有些值是硬编码，而不是使用传统的 strings.xml 文件。在第一个 TextView 中有一个使用 strings.xml 的例子，这一点在所有的应用中都应遵循。其他 TextView 中的硬编码值，以及两个显示用的 Button，都是为了易于阅读和理解。

Google Play Service Location API

在上面的例子中，android.location 包用来阐述如何处理细和粗的 location 数据。这个包仍然是一个很重要的选项，但是，Google 强烈推荐把所有存在的应用转换成使用 Location API，当然，新应用也用它。

使用 Location API 的一个主要好处是你把管理兼容性的职责交给了 Google。因此，它可以上传更新而不要求你重写代码就可以利用新的优化。

一个使用 Location API 的实际好处是 Fused Location Provider。这个 provider 用一些非常聪明的算法来针对用户在哪里给出一个准确的猜测，而且对电池寿命影响最小，这样可以允许你更好地控制 location 意识，同时也延长了设备待机和功能正常的时间。当你需要时，它也允许手动设置一些参数来提高或降低 location 数据的精度和频率。

> **注意**
>
> 使用 Google Play Service 要求 App 运行的设备至少是 Android 2.3，而且要能访问 Google Play Store。一些安卓软件可能不兼容，包括比较容易的第三方定制 ROM 和一些基于安卓的设备，但它们选择不包含 Google Play Service 和应用。

如何处理 Google Play Service 会在第 15 章 "Google Play Service" 中深入介绍。代码清单 11.4 显示了一个使用 Location API 的 activity 获取当面的 location。

代码清单 11.4   使用 Location API 的 Activity

```
package com.dutsonpa.locationsapi;

import android.app.Activity;
import android.content.DialogInterface;
import android.content.DialogInterface.OnCancelListener;
import android.content.Intent;
import android.content.IntentSender.SendIntentException;
import android.location.Location;
import android.os.Bundle;
import android.util.Log;
import android.widget.TextView;
import android.widget.Toast;

import com.google.android.gms.common.ConnectionResult;
import com.google.android.gms.common.GooglePlayServicesUtil;
import com.google.android.gms.common.api.GoogleApiClient;
import com.google.android.gms.location.LocationServices;


public class GooglePlayServicesActivity extends Activity implements
GoogleApiClient.ConnectionCallbacks,
GoogleApiClient.OnConnectionFailedListener {

    private static final String TAG = "GooglePlayServicesActiv";
    private static final String KEY_IN_RESOLUTION = "is_in_resolution";
    protected static final int REQUEST_CODE_RESOLUTION = 1;
```

```
private GoogleApiClient mGoogleApiClient;
private boolean mIsInResolution;
/** 设置其他变量 **/
protected Location myLastLocation;
protected TextView myTextView;

@Override
protected void onCreate(Bundle savedInstanceState) {
  super.onCreate(savedInstanceState);
  if (savedInstanceState != null) {
      mIsInResolution = savedInstanceState.getBoolean(KEY_IN_RESOLUTION,
false);
  }
  setContentView(R.layout.activity_google_play_services);

  myTextView = (TextView) findViewById(R.id.textView);
}

@Override
protected void onStart() {
  super.onStart();
  if (mGoogleApiClient == null) {
    mGoogleApiClient = new GoogleApiClient.Builder(this)
    // 注意下面添加的 addApi(LocationServices.API)
    .addConnectionCallbacks(this)
    .addOnConnectionFailedListener(this)
    .addApi(LocationServices.API)
    .build();
  }
  mGoogleApiClient.connect();
}

@Override
protected void onStop() {
  if (mGoogleApiClient != null) {
    mGoogleApiClient.disconnect();
  }
  super.onStop();
```

```
    }

    @Override
    protected void onSaveInstanceState(Bundle outState) {
      super.onSaveInstanceState(outState);
      outState.putBoolean(KEY_IN_RESOLUTION, mIsInResolution);
    }

    @Override
    protected void onActivityResult(int requestCode, int resultCode, Intent
data) {
      super.onActivityResult(requestCode, resultCode, data);
      switch (requestCode) {
        case REQUEST_CODE_RESOLUTION:
        retryConnecting();
        break;
      }
    }

    private void retryConnecting() {
      mIsInResolution = false;
      if (!mGoogleApiClient.isConnecting()) {
        mGoogleApiClient.connect();
      }
    }

    @Override
    public void onConnected(Bundle connectionHint) {
      Log.i(TAG, "GoogleApiClient connected");
        // 通过使用 Location API 来创建一个 location 对象
      myLastLocation =
        LocationServices.FusedLocationApi.getLastLocation(mGoogleApiClient);
      if (myLastLocation != null) {
        myTextView.setText("Latitude: "+ myLastLocation.getLatitude()
          + "\nLongitude: " + myLastLocation.getLongitude());
      } else {
        Toast.makeText(this, "Location data not available",
          Toast.LENGTH_LONG).show();
```

```
    }
  }

  @Override
  public void onConnectionSuspended(int cause) {
    Log.i(TAG, "GoogleApiClient connection suspended");
    retryConnecting();
  }

  @Override
  public void onConnectionFailed(ConnectionResult result) {
    Log.i(TAG, "GoogleApiClient connection failed: " + result.toString());
    if (!result.hasResolution()) {
      GooglePlayServicesUtil.getErrorDialog(
        result.getErrorCode(), this, 0, new OnCancelListener() {
          @Override
          public void onCancel(DialogInterface dialog) {
            retryConnecting();
          }
        }).show();
      return;
    }
    if (mIsInResolution) {
      return;
    }
    mIsInResolution = true;
    try {
      result.startResolutionForResult(this, REQUEST_CODE_RESOLUTION);
    } catch (SendIntentException e) {
      Log.e(TAG, "Exception while starting resolution activity", e);
      retryConnecting();
    }
  }
}
```

当使用 Google Play Service 时，你必须要创建一个 API 客户端来管理与 Google Play Service 的连接。这意味着一些 activity 的生命周期必须要得以管理来帮助维持 API 客户端和设备之间的状态。

例如，一旦 activity 不可见，我们就应该使用 onStop() 函数来断开 API 客户端的连接。当 activity 启动时，如果客户端仍存在，就会被重新连上，如果它已经被销毁了，就会重新创建。

在 onStart() 函数中创建时，你要用的方法是初始化。这在示例代码中已表明为 addApi(LocationServices.API) 部分，我们用它来创建 mGoogleApiClient 对象。

因为大部分代码和 Google Service 有关，另外一个需要注意的是 onConnected() 函数，在这个函数里，你可以看见当客户端连上时，myLastLocation 对象被设置为保存设备的 location。这是通过 getLastLocation() 实现的，它是 Location API 中 FusedLocationApi 方法的一部分。

FusedLocationApi 是 Fused Location Provider，它用目前有的任何 location 数据来对设备当前 location 做一个最好的猜测。根据应用使用的分辨率或准确度级别不同，或者其他使用 Location API 的应用，这个精细水平可能准确到几英尺，或者如果是粗略的 location 数据，则是一个城市街区（大概 100m）。

使用 Location API 获取 location 更新可以通过创建一个 LocationRequest 来实现，然后设置你想要的更新频率和精确度。下面是一个用来创建 location 请求更新的例子：

```
protected void createLocationRequest() {
  myLocationRequest = new LocationRequest();
  // 设置更新请求的长度
  myLocationRequest.setInterval(UPDATE_INTERVAL_IN_MILLISECONDS);
  // 设置请求更新的最大频率
   myLocationRequest.setFastestInterval(FASTEST_UPDATE_INTERVAL_IN_
MILLISECONDS);
  // 设置请求的位置的准确度
  myLocationRequest.setPriority(LocationRequest.PRIORITY_HIGH_ACCURACY);
  }
```

在这个例子中，你可以看到它创建了一个 LocationRequest，然后设置了一些属性，它会影响多久更新一次数据，以及它有多么准确。不过即使设置了这些值，你也应该明白它们可能不会在你需要的时候执行。setInterval() 会设置一个请求，但是，如果另一个 App 也在运行，而且它使用 Location API 设置了一个更快的间隔，你的应用将会收到比你设置的更快的更新。

为了解决这个时序问题，setFastestInterval 方法用来指定应用可以处理的更新的最大数量。这可能对你有帮助，因为你有可能在使用一些处理器时间在地图上绘画更新的部分，或更新 UI 的其他地方。如果你一直在执行逻辑去处理一个更新，则可能会出现屏幕闪烁或应用阻塞。

setPriority() 函数允许控制返回的 location 的准确度。如果你只需要一个 location 的大概估计（比如天气应用），则可以使用 PRIORITY_LOW_POWER。这是使用最少的电且提供城市级别的准确度的 location。如果你需要更高的精确度，可以设置 PRIORITY_BALANCED_POWER_ACCURACY，它的分辨率接近粗准确度。如果你的应用需要访问 GPS，或细级别的准确度，可以使用 PRIORITY_HIGH_ACCURACY。

如果你需要一个 location，但是不想使用任何电池去使用这个 location，则可以设置 PRIORITY_NO_POWER。你运行从现存的其他正在请求数据的应用那边获取数据。这对于你需要准确信息的场合是不太理想的，但如果你需要一个区域的 location，而且想尽量节省电池电量，它还是有帮助的。

总结

本章讨论了如何通过安卓平台包含的 location provider 来访问 location 数据。

首先介绍了 android.location 包，它可以用来基于粗或细准确度定位设备。另外，使用 location 数据要求添加一个权限到应用 manifest，而且使用细级别的准确度会比网络提供的 location 消耗更多的电池电量。

然后介绍了一个应用示例，它会基于时间周期或距离更新来请求 location 更新。利用这个例子，我们讲了在提供一个可以接受的水平的 location 准确度的同时如何最小化电池电量影响。

最后，你学到了如何使用 Google Play Service 的 Location API 来创建一个客户端，后者将会使用 Fused Location Provider 来返回 location 数据。这个 provider 允许你最小化 location 请求，甚至通过使用另一个应用的正在请求 location 数据来共享，从而达到使用最小电池电量的目的。

12

多媒体

创建一个可以显示数据和接收用户输入的应用是挺不错的，但是，包含 video 和 audio 的应用除了提供一些可以听和看的东西之外，它还可以做更多的事。通过添加多媒体功能到应用，你可以吸引更多的用户，而且能为用户反馈和操作提供另一种纬度。在这一章，你会学到如何在应用里处理 audio 和 video。

Audio 处理

Audio 几乎是许多应用和安卓设备的系统功能必备的一个选项。大多数 notification 都附带有一个音频提示，就像短信和电话本应用。

在安卓系统中，声音 playback 实现支持很多不同的编 / 解码器。这些编 / 解码器（codec）允许文件在设备上播发。表 12.1 列出了可以在应用中使用的支持音频的编 / 解码器。

表 12.1　支持的 audio 编 / 解码器和容器

Codec	文件格式	信息
AAC LC、HE-AACv1、HE-AACv2、AAC ELD	.3gp、.mp4、.mp4a、.aac、.ts	请注意，3.1 添加了解码 .aac 文件，而编码支持是在 4.0 加的。ADIF 不支持，而 MPEG-TS 文件只能回放而，不能擦除。AAC LC、HE-AACv1 和 HE-AACv2 支持抽样率从 8kHz 到 48kHz 的单声道 / 立体声 /5.0/5.1 源文件。AAC ELD 支持抽样率从 16kHz 到 48kHz 的单声道 / 立体声源文件
AMR-NB	.3gp	完全支持 8kHz 的文件抽样的编码 / 解码
AMR-WB	.3gp	完全支持 16kHz 的文件抽样的编码 / 解码

Codec	文件格式	信息
FLAC	.flac	3.1 添加了解码支持。支持单声道 / 立体声的频率不超过 48kHz 的 24 位源文件。请注意，如果一个设备没有足够的硬件以最高质量播放，它会降采样到 44kHz 的 16 位；但是不会对它进行抖动和低通滤波而会回放失真
MP3	.mp3	支持解码。支持 8~320Kbps 的单声道 / 立体声文件，不管是恒定速率还是变化速率
MIDI	.mid、.xmf、.mxmf、.rtttl、.rtx、.ota、.imy	支持解码类型 0 和类型 1 的 MIDI、DLS 版本 1 和 2、XMF、Mobile XMF、铃声和 iMelody 文件
Vorbis	.ogg、.mkv	所有安卓版本都支持 .ogg 文件的解码。而 .mkv 的支持是安卓 4.0 才加的
PCM/WAVE	.wav	支持抽样频率为 8kHz、16kHz 和 44.1kHz 的 8 位和 16 位 PCM 文件的解码。编码支持是 4.1 添加的
Opus	.mkv	5.0 增加的解码支持

Audio Playback

安卓有几种不同的方式来处理 audio playback。一个最通用的方法是使用 `SoundPool`。根据应用结构和功能的不同，也可以直接使用 `MediaPlayer`。

从 Android API 的第一个版本开始，`SoundPool` 类就用来管理声音 playback。这是通过使用内部的 MediaPlay 服务，然后把 audio 解码成原始 16 bit 的 PCM 数据流在应用中使用。SoundPool 对于加载短而快的声音比较理想，这种文件经常用在游戏中，比如拍打和单击，还有提供系统反馈的声音。SoundPool 对于加载大的 audio 文件不理想，比如音乐和配乐，因为所有的声音都被加载到一个小的共享内存池。实际上，大的 audio 文件应该使用 MediaPlayer 来播发。而你使用 filter 和 effect 定制的 audio 文件需要使用 `AudioTrack` 处理。

好处是允许你的应用带有压缩 audio 文件，这样你就不用强迫用户下载含有大的 audio 文件的应用。

坏处是文件在使用之前必须先解码。根据 audio 源文件的大小和持续时间的不同，这在播发时有可能会增加一个明显的延时。为了最大程度地缓解这个问题，你应该考虑在播发这些文件之前就把声音源文件加载进来。这可以在加载阶段实现，或当应用启动时在后台做。

根据目前应用的设计模式，它会弹出一个启动画面以加强刷新和帮助应用加载资源。如果你的应用只有一个加载界面，这应是适合准备 audio 数据的地方。

你可能会担心资源管理，因为加载配乐、音效和其他的声音提示可能会快速占用现有的系统资源。这是一个有效的顾虑，你必须要控制它。当使用 SoundPool 时，可以设定某一个给定时间激活的样本最大个数。这个限制可以进一步调整，进而设置一些优先级，用以确保当有过多样本请求时重要的 audio 数据不会被丢弃。

如果要使用 SoundPool，需要声明变量和使用的样本，语句如下：

```
private SoundPool mSoundPool;
int sound1 = 0;
int sound2 = 0;
int sound3 = 0;
```

注意

为了帮助解决音频处理中的瓶颈，从 API 21 开始，强制使用刚性设计模式。因此，你必须要创建两段代码，根据设备上安卓版本的不同，从而正确执行不同的代码，或者创建受限制的只在目标安卓版本上运行的应用。

由于从 Lollipop（API 21）开始 media player 的一些内部差异，如果打算支持多个版本的安卓，则需要用如下语句实现：

```
// 对于 KitKat 4.4.4 和以下版本，警告是看不到的，因此你可以支持安卓的目前版本
@SuppressWarnings("deprecation")
protected void legacySoundPool() {
  // 根据需要改变值
  mSoundPool = new SoundPool(6, AudioManager.STREAM_MUSIC, 0);
}

// 从 API 21 开始，必须使用构建器模式来实现 SoundPool 的正常性能
@TargetApi(Build.VERSION_CODES.LOLLIPOP)
protected void builderSoundPool() {
  // 根据需要改变值
  AudioAttributes attributes = new AudioAttributes.Builder()
      .setUsage(AudioAttributes.USAGE_GAME)
```

```
        .setContentType(AudioAttributes.CONTENT_TYPE_MUSIC)
        .build();

    mSoundPool = new
        SoundPool.Builder().setAudioAttributes(attributes).setMaxStreams(6).
build();
    }

    // 现在创建函数来处理 API 21 之前和之后的版本
    // 当需要使用 SoundPool 时调用正确的方法
    if (Build.VERSION.SDK_INT >= Build.VERSION_CODES.LOLLIPOP) {
        builderSoundPool();
    } else{
        legacySoundPool();
    }
```

在这段代码中，我们创建了两个方法来解决各种不同播放器的问题，以及初始化 SoundPool。在 legacySoundPool 中，SoundPool 作为一个构造函数，包含有几个参数。

第一个参数是同时播放的 audio 数据流最大个数。第二个参数是数据流的 audio 类型。当 AudioManager 处理 audio 时会用这个值做一些优化。STREAM_MUSIC 是最常用的值，而且它适合于游戏应用。第三个参数是占位符，一般用来调整 audio 样本的质量。

当创建 SoundPool 时，要用 AudioAttributes 和帮助函数来设置你想要用的值，并把它们连接到一起。这在前面的代码中可以看到，比如 AudioAttributes 的 .setUsage() 和 .setContentType() 函数，而且可以使用 setAudioAttributes() 和 setMaxStreams() 设置 SoundPool 需要的属性和值。

当一个 SoundPool 对象准备好之后，需要使用 try-catch 来创建 audio 资源，然后把它们加载到音频池。下面是一个加载 audio 资源的例子：

```
builderSoundPool();
try {
  AssetManager assetManager = getAssets();
  AssetFileDescriptor descriptor;

  // 打开音频资源，然后把它加载到 SoundPool
  descriptor = assetManager.openFd("pewpew.mp3");
  sound1 = soundPool.load(descriptor, 0);
```

```
} catch(IOException e) {
    // 需要把错误处理逻辑放在这里
}
```

在使用 load() 函数把资源成功加载到 SoundPool 之后，可以使用 play() 函数来播放它。Play() 函数有以下几个参数：

- 第一个参数是 soundID，它是从 load() 函数返回的。
- 第二个参数是 leftVolume，它用来修改左声道播放声音的大小（范围从 0.0 到 1.0）。
- 第三个参数是 rightVolume，它用来修改右声道播放声音的大小（范围从 0.0 到 1.0）。
- 第四个参数是优先级，它用来决定声音是否该基于同时播放的最大音频数目而停止（请注意，0 是最低优先级）。
- 第五个参数用来决定 audio 数据流是只播放一次还是循环播放；使用任何大于或等于 0 的数字意味着在文件的结尾处终止播放，而 -1 则是指循环播放。
- 第六个参数用来决定 audio 文件的播放速率；0.5 是指以半速率播放，而 2 是指以两倍默认速率播放。

下面是一个使用 play() 函数播放 audio 的例子：

```
mSoundPool.play(sound1, 1, 1, 0, 0, 1);
```

如果需要停止播放，可以调用 stop() 函数，而把想停的音频的 soundID 传过去就可以。下面是一个停止播放 sound1 的例子：

```
mSoundPool.stop(sound1);
```

注意

为了有效地使用 SoundPool，可以考虑为某一个特定的 Activity 加载而创建音频数据，然后在这个 Activity 关闭或销毁时释放，这可以通过调用 mSoundPlayer.release()。当调用 release 方法时，所有加载的 audio 样本以及使用的所有内存都会被释放。这允许你创建一个有最小加载时间的应用，而且当用户需要音频时会把相关数据都准备好。

现在你知道如何播放 audio 文件了，接下来我们学习如何捕获和录制它们。

Audio 录制

Audio 可以通过使用 MediaRecorder 类来录制或捕获。这个 API 用来执行必要的步骤录制 audio 到设备上。

> **注意**
>
> 安卓模拟器是一个有用的工具，但是，它不具备让你测试实际设备录音行为的能力。当你添加 audio 捕捉功能时，需要使用真实设备进行测试。

如要录制 audio，步骤如下：

1. 初始化录音器。

2. 使用 setAudioSource() 设置 audio 源数据。

3. 使用 setOutputFormat() 设置输出格式。

4. 使用 setAudioEncoder() 设置编码器。

5. 使用 setOutputFile() 设置文件输出。

6. 使用 prepare() 准备设备。

7. 使用 start() 开始录音。

8. 使用 stop() 结束录音。

9. 使用 reset() 重用这个对象，或用 release() 释放对象。

在实际工作中，这在应用逻辑中应该用如下语句实现：

```
MediaRecorder mRecorder = new MediaRecorder();
// 使用设备麦克风
mRecorder.setAudioSource(MediaRecorder.AudioSource.MIC);
mRecorder.setOutputFormat(MediaRecorder.OutputFormat.THREE_GPP);
mRecorder.setAudioEncoder(MediaRecorder.AudioEncoder.AMR_NB);
// 把 OUTPUT_LOCATION 替换成正确的文件系统路径或变量
mRecoder.setOutputFile(OUTPUT_LOCATION);
try {
  mRecoder.prepare();
} catch (IllegalStateException e) {
  // 在这里处理错误
} catch (IOException e) {
  // 在这里处理错误
```

```
}

try {
  mRecorder.start();
} catch (IllegalStateException e) {
  // 在这里处理错误
}

try {
  // 使用一个按钮、定时器或其他方法调用如下：
  mRecoder.stop();
} catch (IllegalStateException e) {
  // 在这里处理错误
}
// 如果你想使用同一个 MediaRecorder 对象使用这个
mRecorder.reset();
// 如果你想放弃 MediaRecorder 对象使用这个
mRecorder.release();
mRecoder = null;
```

录音回放可使用 MediaPlayer 类。MediaPlayer 不仅可以用来播放 audio 文件，还可以播放 video 文件。MediaPlayer 需要初始化，然后指向播放的文件，接着使用 prepare() 和 start() 函数开始播放。

下面是两个关于如何开始和停止播放 audio 文件的方法：

```
private void startPlayback() {
  mPlayer = new MediaPlayer();
  try {
    // 更改 FILETOPLAY 为你想播放的路径和文件
    mPlayer.setDataSource(FILETOPLAY);
    // 已经在一个 try/catch 模块里，不需要在另一个封装 prepare() 中
    mPlayer.prepare();
    mPlayer.start();
  } catch (IllegalStateException e) {
    // 在这里处理错误
  } catch (IOException e) {
    // 在这里处理错误
  }
```

```
    }

    private void stopPlayback() {
      mPlayer.release();
      mPlayer = null;
    }
```

现在你理解了安卓如何处理 audio，接下来我们看看 video 是怎么工作的。

Video 处理

类似于安卓支持各种不同的 audio 格式和编 / 解码器，它也支持不少 video 格式和编 / 解码器。表 12.2 列出了支持的视频格式。

表 12.2　支持的视频格式和编 / 解码器

Codec	文件格式	信息
H.263	.3gp、.mp4	所有的安卓版本都提供编 / 解码支持
H.264 AVC	.3gp、.mp4、.ts	安卓 3.0+ 提供编码支持，所有版本的 Baseline Profile 都支持解码。另外，请注意 .tx 格式只能用于 AAC 音频和安卓 3.0+
H.265 HEVC	.mp4	解码器支持移动设备上的 Main Profile 级别 3，以及安卓电视上的 Main Profile 级别 4.1。HEVC 支持是安卓 5.0+ 增加的
MPEG-4 SP	.3gp	所有的安卓版本都提供解码支持
VP8	.webm、.mkv	安卓 2.3.3+ 提供解码支持，安卓 4.3+ 提供编码器支持。请注意，这种格式可以作为安卓 4.0+ 的流格式，而 .mkv 是安卓 4.0+ 支持的
VP9	.webm、.mkv	安卓 4.4+ 支持解码，而 .mkv 是 4.0+ 上支持的

Video Playback

Video 文件可以使用很多不同的方式播放，包括使用 MediaPlayer 类。但是，专门有一个 view 用来播放 video 文件。

不像 audio 文件，video 需要访问屏幕。这意味着你需要使用 VideoView 或 SurfaceView。请注意，根据应用的不同，有可能发现使用 VideoView 更容易。

当使用 VideoView 时，如果 Activity 移到后台，这个 View 将不会自动保留状态。这意味着你暂停时需要保存播放状态，然后在 resume 时恢复状态。

添加一个 VideoView 如同从 Android Studio 的 Design 视图拖曳它到 layout 中一样简单。当然，你也可以把下列代码加到 layout 文件中：

```
<VideoView
    android:id="@+id/myVideoView"
    android:layout_width="match_parent"
    android:layout_height="match_parent"
    android:layout_centerInParent="true" />
```

现在 layout 中已经有了一个 VideoView，你可以在它中播放 video。如要处理远程或 streaming 的 video，则需要为它创建一个 URI。实现如下：

```
// 把值改为一个实际的视频，这只是一个例子
String videoAddress = "https://video.website.com/video.mp4";
Uri videoURI = Uri.parse(videoAddress);
```

对于使用 streaming 视频文件的应用，你需要把 INTERNET 权限加到应用 manifest 里。提醒一下，你可以按照如下代码添加此权限：

```
<uses-permission android:name="android.permission.INTERNET" />
```

这个 video 可以通过引用 VideoView 并使用 setVideoURI() 方法以编程方式附加到 VideoView 上，语句如下：

```
VideoView myVideoView = (VideoView)findViewById(R.id.myVideoView);
myVideoView.setVideoURI(videoURI);
```

如果只需要播放 video 而不想与用户进行交互，可以在 VideoView 对象上使用 start() 方法来做到这一点。但是，如果你想添加播放控制，可以对 VideoView 使用 MediaController 类。这可通过创建 MediaController 对象来实现，针对 VideoView，然后把 MediaController 设置到 VideoView，语句如下：

```
MediaController myMediaController = new MediaController(this);
myMediaController.setAnchorView(myVideoView);
MyViewView.setMediaController(myMediaController);
```

如果想使用 MediaPlayer 类而不是 VideoView，则需要使用 SurfaceView。SurfaceView 是一种特殊的 View，可以用于 canvas 来画图。因为 video 播放涉及多帧绘画，可以用 SurfaceView 来当作屏幕把这些帧画上去。

添加一个 SurfaceView 到应用中有两种方式：使用 Android Studio 的 Design 模式，

然后把 SurfaceView 拖曳到 layout 中，或者参考下列代码在 layout XML 文件中实现：

```
<SurfaceView
    android:id="@+id/mySurfaceView"
    android:layout_width="match_parent"
    android:layout_height="match_parent" />
```

在 Activity 类中，需要实现 SurfaceHolder.Callback 和 MediaPlayer.OnPrepared
Listener。语句如下：

```
public class MainActivity extends Activity
    implements SurfaceHolder.Callback, OnPreparedListener {
    // 你的 activity 代码
}
```

当添加所需的实现语句时，Android Studio 会自动生成一些方法。如果没有，请把下
列代码加入到 Activity 中：

```
@Override
public void surfaceChanged(SurfaceHolder arg0, int arg1, int arg2, int
arg3) {
    // TODO 自动生成函数 stub
}

@Override
public void surfaceCreated(SurfaceHolder arg0) {
    // MediaPlayer 代码应该放在这个函数中
}

@Override
public void surfaceDestroyed(SurfaceHolder arg0) {
    // TODO 自动生成函数 stub
}

@Override
public void onPrepared(MediaPlayer mp) {
    // 这里应该调用 MediaPlayer 的开始函数
}
```

下一步是创建并设置一些变量，创建 MediaPlayer，然后启动播放器，语句如下：

```java
// 创建变量
private MediaPlayer mPlayer;
private SufaceHolder mSurfaceHolder;
private SurfaceView mSurfaceView;
String videoAddress = "https://video.website.com/video.mp4";

// 在 activity 中的其他代码……

@Override
protected void onCreate(Bundle savedInstanceState) {
    // onCreate 代码……
    mSurfaceView = (SurfaceView) findViewById(R.id.mySurfaceView);
    mSurfaceHolder = mSurfaceView.getHolder();
    mSurfaceHolder.addCallback(this);
}

// 在 activity 中的其他代码

@Override
public void surfaceCreated(SurfaceHolder arg0) {
    // 记住处理目标安卓版本的 MediaPlayer 设置，根据需要进行修改
    try {
        mPlayer = new MediaPlayer();
        mPlayer.setDisplay(mSurfaceHolder);
        mPlayer.setDataSource(videoAddress);
        mPlayer.prepare();
        mPlayer.setOnPreparedListener(this);
        mPlayer.setAudioStreamType(AudioManager.STREAM_MUSIC);
    } catch (Exception e) {
        // 处理异常
    }
}

// 在 activity 中的其他代码……

@Override
public void onPrepared(MediaPlayer mp) {
    mPlayer.start();
}
```

在上面的例子中，请注意那些注释，它们有助于你把代码放到应用中正确的位置。当使用 MediaPlayer 时，如果是 API 21+，请记住使用创建者模式。

你也应该考虑使用一个 service 来准备 audio 和 video 文件的播放，这样可以免除潜在的迟钝现象和 ANR 错误困扰你的应用。

总结

在本章中，你了解到安卓对多种媒体文件有广泛的支持。Audio 文件可以捆绑到应用中作为音效。这些文件也可以以压缩格式存储，这样可以节省设备空间，而后可以把它加载到内存中播放。

当然，同时播放的文件个数是有限制的，加载到内存中的文件可以捆绑成音频包，然后需要时才加载，当使用完成时释放并清除使用的系统资源。

你也学到了安卓对 video 文件和编 / 解码器有广泛的支持。一些视频文件，比如 VP9 和 WebM，可以比其他文件提供更好的压缩率和质量，但是只在新版本的安卓上支持。

最后，你还了解到 video 文件可以通过 VideoView 播放。我们介绍了如何使用 VideoView，以及与 MediaController 一起使用来添加相关控制，比如播放 / 暂停按钮和滚动条。Video 还可以使用 MediaPlay 通过 SurfaceView 播放，后面还介绍了在一个 Activity 中实现这个的基本设置。

13
可选 Hardware API

安卓设备形状和大小各不相同，有一些还有附加的功能和硬件。并不是每个设备都支持所有的功能，但是作为一个开发者，你应该期待提供能在大多数可用设备上工作的体验。如可以支持蓝牙、NFC、USB 和其他设备传感器，这能给你的应用提供更多的功能和更大的用处。在这一章，你会学到这些硬件是如何在安卓里实现的，以及一些使用设备功能的方法。

蓝牙

自从 API level 5 中首次引入蓝牙之后，安卓支持它已经有很长时间了。这种蓝牙被称为传统的蓝牙。从 API 18 开始，开发者可以使用蓝牙低功耗（Bluetooth low energy，简称 BLE），或 Bluetooth Smart。BLE 提供了一个通用协议版本，它使用一些增强手段来允许使用更低的功耗，接收端和发送端都可以省电。它也带来使用新协议的能力，比如 Eddystone，当有一个设备在附近时，允许使用"beacons"来检测并与它进行交互而不用配对。

为了更进一步使用蓝牙时，我们把蓝牙栈的 Generic Access Profile 部分加到 API level 21+ 里。

蓝牙通信可以分成下面 3 个基本步骤：

1.Discovery

2.Exploration

3.Interaction

在 discovery 阶段，两个设备把它们的可用性广播给对方。当它们找到彼此之后，智能设备会进入配对或信息交换模式，然后开始把唯一的地址广播出去，以便其他在蓝牙射频距离之内的蓝牙设备可以接收。

一旦两个设备发现彼此之后，它们会进入 exploration 阶段。在这个阶段，一个设备会发出请求与另一个设备进行配对。根据设备和当前支持的蓝牙，配对有可能不需要交换数据，因为数据可以通过交换加密密钥来传递。

接下来进入 interaction 阶段。虽然这并不是作为一个安全措施而严格要求的，在设备进入一个完全交互性模式之前，它可能要求输入一个密码或者交换的密码来确认设备是在连接到期望的设备。请注意，从 BLE 开始，这不是一个标准的配对模式，因为连接是偶然的。

不管是工作于传统的蓝牙还是 BLE，都可以在 android.bluetooth 包里找到想用的 API。而且，访问蓝牙射频要求用户权限，因此，你要把下列代码加到应用 manifest XML 中：

```
<uses-permission android:name="android.permission.BLUETOOTH"/>
<uses-permission android:name="android.permission.BLUETOOTH_ADMIN"/>
```

第一个权限是允许访问蓝牙硬件，然而第二个权限允许开启蓝牙射频以及把它用于设备的 discovery。

如果工作于 BLE 设备，而想过滤 App 使只有支持 BLE 的设备才能从 Google Play Store 下载你的应用，可以使用下面的 <uses-feature> 元素和以前提过的权限：

```
<uses-feature android:name="android.hardware.bluetooth_le" android:required="true"/>
```

开启蓝牙

当工作于传统的蓝牙时，你需要使用 BluetoothAdapter 类和 getDefaultAdapter() 函数来查看设备上的蓝牙是否可用。如果当前有一个适配器可用但没有开启，你可以发送一个 Intent 来开启蓝牙。下面的代码演示了这是如何实现的：

```
BluetoothAdapter myBluetooth = BluetoothAdapter.getDefaultAdapter();
if(!myBluetooth.isEnabled()) {
    Intent enableIntent = new Intent(BluetoothAdapter.ACTION_REQUEST_
ENABLE);
    startActivityForResult(enableIntent, REQUEST_ENABLE_BT);
}
```

开启 BLE 适配器的流程类似，但是有一个明显的差别是使用 BluetoothManager 来获取适配器，而不是只用 BluetoothAdapter 类。创建适配器之后，你可以检查这个适配器是否存在以及是否开启。代码如下：

```
private BluetoothAdapter myBluetoothAdapter;

final BluetoothManager bluetoothManager =
    (BluetoothManager) getSystemService(Context.BLUETOOTH_SERVICE);
myBluetoothAdapter = bluetoothManager.getAdapter();

if (myBluetoothAdapter == null || !myBluetoothAdapter.isEnabled()) {
    Intent enableIntent = new Intent(BluetoothAdapter.ACTION_REQUEST_
ENABLE);
    startActivityForResult(enableIntent, REQUEST_ENABLE_BT);
}
```

现在蓝牙已经开启并可以使用，是时候去找附近的设备了。

使用蓝牙发现设备

如果以前没有和设备配对过，并且正在使用传统的蓝牙，你将需要扫描你能连接的可用设备。这可以通过调用 startDiscovery() 实现，它会开始一个短扫描，查看附近的设备哪些可以连接上。下面的代码展示了如何使用一个 BroadcastReceiver 来发送 Intent 给扫描中找到的蓝牙设备：

```
// 扫描传统的蓝牙设备
private final BroadcastReceiver myReceiver = new BroadcastReceiver() {
  public void onReceive(Context context, Intent intent) {
    String action = intent.getAction();
    if (BluetoothDevice.ACTION_FOUND.equals(action)) {
      // 如果找到一个蓝牙设备，从 Intent 创建一个对象
      BluetoothDevice device =
        intent.getParcelableExtra(BluetoothDevice.EXTRA_DEVICE);
      // 显示找到设备的名字和地址
      mArrayAdapter.add(device.getName() + "\n" + device.getAddress());
    }
  }
};

// 注册 BroadcastReceiver
IntentFilter filter = new IntentFilter(BluetoothDevice.ACTION_FOUND);
```

```
registerReceiver(myReceiver, filter);
```

完成扫描后，应该使用 cancelDiscovery() 方法。这可以使资源和处理器密集型的活动停止，从而提高性能。你也应该记得在应用生命周期的 onDestroy() 函数里注销 myReciver。

如果已经和一个设备配对，则可以通过获取以前配对过的设备列表来节约一些设备资源，然后扫描查看它们是否还可用。下面的代码演示了如何获取设备列表：

```
Set<BluetoothDevice> pairedDevices = myBluetoothAdapter.
getBondedDevices();
if(pairedDevices.size() > 0) {
    for(BluetoothDevice device : pariedDevices) {
        // 添加找到的设备到一个 view
        myArrayAdapter.add(device.getName() + "\n" + device.getAddress());
    }
}
```

因为 BLE 设备行为不一样，所以扫描它们时要使用不一样的方法。startLeScan() 函数扫描设备，然后使用一个回调来显示扫描结果。下面的代码演示了如何扫描和使用回调函数显示结果：

```
private BluetoothAdapter myBluetoothAdapter;
private boolean myScanning;
private Handler myHandler;

// 20s 之后停止扫描
private static final long SCAN_PERIOD = 20000;

private void scanLeDevice(final boolean enable) {
    if (enable) {
        // 在一个预定义的时间之后停止扫描
        myHandler.postDelayed(new Runnable() {
            @Override
            public void run() {
                myScanning = false;
                myBluetoothAdapter.stopLeScan(myLeScanCallback);
            }
        }, SCAN_PERIOD);
```

```
     myScanning = true;
     myBluetoothAdapter.startLeScan(myLeScanCallback);
   } else {
     myScanning = false;
     myBluetoothAdapter.stopLeScan(myLeScanCallback);
   }
 }

private LeDeviceListAdapter myLeDeviceListAdapter;

// BLE 扫描回调
private BluetoothAdapter.LeScanCallback myLeScanCallback =
    new BluetoothAdapter.LeScanCallback() {
  @Override
  public void onLeScan(final BluetoothDevice device, int rssi,
     byte[] scanRecord) {
    runOnUiThread(new Runnable() {
     @Override
     public void run() {
       myLeDeviceListAdapter.addDevice(device);
       myLeDeviceListAdapter.notifyDataSetChanged();
     }
   });
  }
};
```

使用传统的蓝牙连接

使用传统的蓝牙通信时，一个设备必须是服务器。请注意，一个服务器可以有多个客户端，而它是扮演任意其他连接设备的中间人的角色。客户端彼此之间不能直接通信，因此，服务器必须要转发和管理多个客户端之间共享的数据。

为了建立通信，我们打开了一个 socket，然后把数据传过去。为了确保数据被传到正确的客户端，创建 socket 时必须要传递全局唯一标识符（简称 UUID）。socket 创建之后，使用 accept() 来监听，然后当它完成时，使用 close() 关闭 socket。使用 accept() 时要特别小心，因为它是阻塞的，因此，不能在主线程运行。下面的代码演示了如何创建

socket 和作为服务器接收通信：

```
private class AcceptThread extends Thread {
  private final BluetoothServerSocket myServerSocket;

  public AcceptThread() {
    // 创建一个临时对象和 myServerSocket 一起使用，因为 myServerSocket 是 final
    BluetoothServerSocket tmp = null;
    try {
    // MY_UUID 是应用 UUID 字符串
      tmp = mBluetoothAdapter.listenUsingRfcommWithServiceRecord(NAME,
MY_UUID);
    } catch (IOException e) { }
    myServerSocket = tmp;
  }

  public void run() {
    BluetoothSocket socket = null;
      // 确保 myServerSocket 不是空
    if (myServerSocket != null) {
    // 使用循环来保持 socket 开放而不管是错误还是返回数据
      while (true) {
        try {
          socket = myServerSocket.accept();
        } catch (IOException e) {
          break;
        }
        if (socket != null) {
          // 在一个不同的线程里使用一个方法来处理返回数据
          manageConnectedSocket(socket);
          myServerSocket.close();
          break;
        }
      }
    }
  }

  // 这个方法会关闭 socket 和线程
  public void cancel() {
```

```
    try {
      myServerSocket.close();
    } catch (IOException e) { }
  }
}
```

如要以客户端的方式连接，需要创建一个包含服务器的 BluetoothDevice 对象。然后，需要传一个匹配的 UUID，它会被用来确保你和正确的设备进行通信。就像以服务器的方式进行通信那样，connect() 函数用来建立连接和获取数据或错误。下面的代码演示了如何以客户端的方式连接：

```
private class ConnectThread extends Thread {
  private final BluetoothSocket mySocket;
  private final BluetoothDevice myDevice;

  public ConnectThread(BluetoothDevice device) {
    // 为 mySocket 创建一个临时对象，因为 mySocket 是 final
    BluetoothSocket tmp = null;
    myDevice = device;

    // 获取一个 BluetoothSocket 来和 BluetoothDevice 连接
    try {
      // MY_UUID 是应用 UUID 字符串
      tmp = device.createRfcomySocketToServiceRecord(MY_UUID);
    } catch (IOException e) { }
    mySocket = tmp;
  }

  public void run() {
    // 取消 discovery 是因为它的连接会变慢
    mBluetoothAdapter.cancelDiscovery();

    try {
      // 使用 socket 来连接或抛出一个异常
      // 这个函数是阻塞的
      mySocket.connect();
    } catch (IOException connectException) {
      // 不能连接，关闭 socket
```

```
    try {
      mySocket.close();
    } catch (IOException closeException) { }
    return;
  }

  // 在一个不同的线程里使用一个方法处理返回数据
  manageConnectedSocket(mySocket);
}

// 这个方法会关闭 sockt 和线程
public void cancel() {
  try {
    mySocket.close();
  } catch (IOException e) { }
  }
}
```

使用 BLE 通信

前面提过，BLE 在 exploration 和 interaction 阶段有一些小的改变。设备不用配对或者提供一个密码，而是可以直接检测设备，从而无交互地执行密钥交换。这些密钥提供了一个加密方法，它可以用来在设备之间加密和解密数据，而不需要在它们之间有一个成功的配对。

不用有一个确定的服务器和客户端关系，你只需连到设备的 Generic Attribute Profile（简称 GATT）服务器。这可以通过 connectGatt() 方法实现，该函数利用 context、Boolean 来决定 autoConnect 和对回调函数的引用。代码如下：

```
myBluetoothGatt = device.connectGatt(this, false, myGattCallback);
```

这个回调函数可以在 service 或者其他形式的逻辑里调用。下面是一个在 service 里使用它的例子：

```
private final BluetoothGattCallback mGattCallback =
new BluetoothGattCallback() {
  @Override
  public void onConnectionStateChange(BluetoothGatt gatt, int status,
    int newState) {
```

```
  String intentAction;
  if (newState == BluetoothProfile.STATE_CONNECTED) {
    intentAction = ACTION_GATT_CONNECTED;
    myConnectionState = STATE_CONNECTED;
    broadcastUpdate(intentAction);
    Log.i(TAG, "Connected to GATT server.");
    Log.i(TAG, "Attempting to start service discovery:" +
      gatt.discoverServices());

  } else if (newState == BluetoothProfile.STATE_DISCONNECTED) {
    intentAction = ACTION_GATT_DISCONNECTED;
    myConnectionState = STATE_DISCONNECTED;
    Log.i(TAG, "Disconnected from GATT server.");
    broadcastUpdate(intentAction);
  }
}


@Override
// 发现新的服务
public void onServicesDiscovered(BluetoothGatt gatt, int status) {
  if (status == BluetoothGatt.GATT_SUCCESS) {
    // 调用一个更新函数来发布新服务
    broadcastUpdate(ACTION_GATT_SERVICES_DISCOVERED);
  } else {
    Log.w(TAG, "onServicesDiscovered received: " + status);
  }
}


@Override
// 结果将性的读取操作
public void onCharacteristicRead(BluetoothGatt gatt,
  BluetoothGattCharacteristic characteristic,
  int status) {
  if (status == BluetoothGatt.GATT_SUCCESS) {
    // 调用一个更新函数来传输数据
    broadcastUpdate(ACTION_DATA_AVAILABLE, characteristic);
  }
}
```

```
};
```

在这个例子中，GATT 服务器连接的地方或数据传输的时候，一个名叫 broadcastUpdate() 的方法会被调用，该函数处理你定制的逻辑。下面的例子演示了如何使用 StringBuilder 处理传输的数据：

```
private void broadcastUpdate(final String action) {
  final Intent intent = new Intent(action);
  sendBroadcast(intent);
}

private void broadcastUpdate(final String action,
 final BluetoothGattCharacteristic characteristic) {
  final Intent intent = new Intent(action);

  // 为 HEX 格式化数据，因为这不是一个心率测量设置
  final byte[] data = characteristic.getValue();
  if (data != null && data.length > 0) {
    final StringBuilder stringBuilder = new StringBuilder(data.length);
    for(byte byteChar : data)
      stringBuilder.append(String.format("%02X ", byteChar));
    intent.putExtra(EXTRA_DATA, new String(data) + "\n" +
      stringBuilder.toString());
  }
  sendBroadcast(intent);
}
```

如要处理通过 Intent 发送的数据，需要创建一个 BroadcastReceiver。这个 receiver 会收到不止一个设备的数据；它也监听 GATT 服务器的状态。通过监听事件，你可以处理断开连接、连接、数据传输和 service。下面是处理这些事件的一个例子：

```
private final BroadcastReceiver mGattUpdateReceiver = new
BroadcastReceiver() {
  @Override
  public void onReceive(Context context, Intent intent) {
    final String action = intent.getAction();
    if (BluetoothLeService.ACTION_GATT_CONNECTED.equals(action)) {
      myConnected = true;
      updateConnectionState(R.string.connected);
```

```
        invalidateOptionsMenu();
        } else if (BluetoothLeService.ACTION_GATT_DISCONNECTED.
equals(action)) {
        myConnected = false;
        updateConnectionState(R.string.disconnected);
        invalidateOptionsMenu();
        clearUI();
        } else if (BluetoothLeService.
        ACTION_GATT_SERVICES_DISCOVERED.equals(action)) {
        // 为支持的服务和特性更新 UI
            displayGattServices(mBluetoothLeService.getSupported
GattServices());
        } else if (BluetoothLeService.ACTION_DATA_AVAILABLE.equals(action)) {
            displayData(intent.getStringExtra(BluetoothLeService.EXTRA_DATA));
        }
    }
};
```

　　连上 GATT 服务器后，就可以通过 BluetoothGattService 找到可用的服务，并从那里读 / 写数据。你也可以使用 myBluetoothGatt 对象来创建一个 GATT 通知的监听器，并使用 setCharacteristicNotification() 方法通知本地系统一个特征值已经改变。为了通知远程系统，需要得到特征的 BluetoothGattDescriptor，而且使用 setValue(BluetoothGattDescriptor.ENABLE_NOTIFICATION_VALUE) 给它设定值。然后，你可以用 gatt.writeDescriptor 把值发送给远程系统。当 BluetoothGattCallback 里的 onDescriptorWrite 执行时，你就准备好接收更新了。完成设置之后，当有 GATT 通知时，可以重写 onCharacteristicChanged() 函数去广播一个更新。

　　当完成与 BLE 设备的通信时，请使用 close() 方法关闭连接。下面是一个使用 close() 的例子：

```
public void close() {
  if (myBluetoothGatt == null) {
    return;
  }
  myBluetoothGatt.close();
  myBluetoothGatt = null;
}
```

近场通信（NFC）

近场通信（简称 NFC）是一种由 NXP 半导体公司提出来的被动技术，它可以在支持 NFC 的设备上使用"tag"。它是一种有效距离非常小的无线技术，这个距离大概是 4cm，但是也可以到 10cm，这取决于设备的无线电波和 tag 的大小。

不像蓝牙的 Beacon，NFC tag 不需要电源。这使它在半永久的地方使用非常理想，而且可以作为一个媒介来使任务自动化，或者把信息分发到一系列的位置。

信息以比特数据的形式保存在 NDEF（NFC 数据交换格式）消息里。每个 NDEF 消息包含至少一个 NDEF 记录，该记录包含以下字段：

- 3 bit 类型名格式（TNF）
- 变量长度类型
- 变量长度 ID（可选）
- 变量长度有效负载

TNF 字段包含的值是给安卓系统用来判断如何处理剩下的 NDEF 消息中的信息的。剩下的数据通常包含在一个物理的 tag 内部。但是，使用类似安卓 Beam 的技术，一个设备本身可以承担物理 tag 的角色。

请注意，不是所有的 NFC tag 都可以在安卓设备上正常工作。这是由于 NFC tag 用的格式和类型与安卓设备内部的 NFC 读取器硬件不完全兼容。根据 NFC 论坛的定义，有以下类型的 NFC tag:

- **Type 1**：基于 ISO/IEC 14443A，可读 / 可写，能设置成只读，而且有 96B 空间，但是可以扩展到 2KB。
- **Type 2**：基于 ISO/IEC 14443A，可读 / 可写，能设置成只读，而且有 48B 空间，但是可以扩展到 2KB。
- **Type 3**：基于（JIS）X 6319-4，预配置成可读和可写或只读，而且内存最多可到 1MB。
- **Type 4**：与 ISO/IEC 14443 兼容，预配置成可读和可写或只读，而且内存最多可到 32KB。
- **MIFARE Classic**：与 ISO/IEC 14443 兼容，可读 / 可写，能设置成只读，而且

有 1KB 或 4KB 可用空间。

这些是最通用的 tag 类型，但是有些正在流通的 NFC tag 不符合 NFC 论坛的标准。这些 tag 不能确保与所有的 NFC 硬件兼容。根据设备制造商的不同，你可以发现一些安卓设备可以读那些 tag，但是其他的不行。MIFARE 传统是这种 tag 的一个例子，有些安卓设备读取或写不了它。知道这一点是很重要的，因为它可能让一些用户感觉很困惑，尤其是当他们换了设备突然发现一些 tag 在新设备上不工作时。

在应用中使用 NFC 要求有 NFC 权限。若要把这个权限加到应用中，可以打开 manifest XML 文件，然后加入下面的代码：

```
<uses-permission android:name="android.permission.NFC"/>
```

另外，你也可以把 <users-feature /> 元素加到 manifest，这样 Google Play Store 可以对应用进行过滤，以致没有 NFC 的设备无法下载它。这是可选的，但是它可以使你不让用户失望。把下列代码加到应用 manifest XML 里可以开启 Google Play 过滤功能：

```
<uses-feature android:name="android.hardware.nfc"  android:required="true"
/>
```

当你的设备扫描 tag 时，它会读取存在于 TNF 中的数据，并判断 tag 的 MIME 类型或 URI。内部的 tag 分发系统用来判断 tag 是否是兼容的、空的，或者它应该在一个特定的应用里打开。决定使用哪个应用打开依赖于创建的 Intent，然后与适合的 Activity 进行匹配。

如果你的应用要响应 Intent，则需要过滤一个或者多个下面的 Intent：

- ACTION_NDEF_DISCOVERED
- ACTION_TECH_DISCOVERED
- ACTION_TAG_DISCOVERED

ACTION_NDEF_DISCOVERED

如要过滤这个 intent，可以基于 MIME 类型或者在 URI 上实现。下面是一个对 MIME 类型为 text/plain 的进行过滤：

```
<intent-filter>
  <action android:name="android.nfc.action.NDEF_DISCOVERED"/>
  <category android:name="android.intent.category.DEFAULT"/>
  <data android:mimeType="text/plain" />
```

```
</intent-filter>
```

过滤 URI 的方法类似，但是要把 <data> 元素的属性 android:mimetype 改成 android:scheme，而且还需要添加一些属性。下面是一个过滤 URI http://www. android.com/index.html 的例子：

```
<intent-filter>
  <action android:name="android.nfc.action.NDEF_DISCOVERED"/>
  <category android:name="android.intent.category.DEFAULT"/>
 <data android:scheme="http"
       android:host="www.android.com"
       android:pathPrefix="/index.html" />
</intent-filter>
```

ACTION_TECH_DISCOVERED

当过滤这个 Intent 时，需要创建一个包含所有你想监控的技术类型的资源 XML 文件。这可确保当扫描到一个 tag 时，你的应用只在 tag 包含期望的技术时才打开。这个文件应该存在于工程的 /res/xml 目录下。示例如下：

```
<resources xmlns:xliff="urn:oasis:names:tc:xliff:document:1.2">
  <tech-list>
    <tech>android.nfc.tech.IsoDep</tech>
    <tech>android.nfc.tech.NfcA</tech>
    <tech>android.nfc.tech.NfcB</tech>
    <tech>android.nfc.tech.NfcF</tech>
    <tech>android.nfc.tech.NfcV</tech>
    <tech>android.nfc.tech.Ndef</tech>
    <tech>android.nfc.tech.NdefFormatable</tech>
    <tech>android.nfc.tech.MifareClassic</tech>
    <tech>android.nfc.tech.MifareUltralight</tech>
  </tech-list>
</resources>
```

如要引用你的 XML 技术列表，需要加一个 <meta-data> 的标签到应用 manifest XML 中，这会包含你的资源列表的路径。下面是一个处理 ACTION_TECH_DISCOVERED 需要 <intent-filter> 和 <meta-data> 的例子：

```
ACTION_TECH_DISCOVERED:
```

```
<intent-filter>
  <action android:name="android.nfc.action.TECH_DISCOVERED"/>
</intent-filter>

<meta-data android:name="android.nfc.action.TECH_DISCOVERED"
           android:resource="@xml/nfc_tech_filter" />
```

请注意，<meta-data> 元素中使用的资源路径有一个属性值为 @xml/nfc_tech_
filter。这个值指向工程中的文件 /res/xml/nfc_tech_filter.xml。

ACTION_TAG_DISCOVERED

ACTION_TAG_DISCOVERED 是最后一个 Intent，也可能是最容易实现的。因为你用
不过滤 tag 包含的类型技术或信息，可以使用如下 <intent-filter>:

```
<intent-filter>
  <action android:name="android.nfc.action.TAG_DISCOVERED"/>
</intent-filter>
```

读/写信息到 NFC tag 要求你定义自己的协议栈。下面的代码演示了如何使用相当普
遍的 MIFARE Ultralight tag:

```
package com.example.android.nfc;

import android.nfc.Tag;
import android.nfc.tech.MifareUltralight;
import android.util.Log;
import java.io.IOException;
import java.nio.charset.Charset;

public class MifareUltralightTagTester {

  private static final String TAG =
    MifareUltralightTagTester.class.getSimpleName();

  // 写到 tag:
  public void writeTag(Tag tag, String tagText) {
    MifareUltralight ultralight = MifareUltralight.get(tag);
    try {
```

```
        ultralight.connect();
          ultralight.writePage(4, "abcd".getBytes(Charset.forName("US-
ASCII")));
          ultralight.writePage(5, "efgh".getBytes(Charset.forName("US-
ASCII")));
          ultralight.writePage(6, "ijkl".getBytes(Charset.forName("US-
ASCII")));
          ultralight.writePage(7, "mnop".getBytes(Charset.forName("US-
ASCII")));
      } catch (IOException e) {
        Log.e(TAG, "IOException while closing MifareUltralight", e);
      } finally {
        if (ultralight != null) {
          try {
            ultralight.close();
          } catch (IOException e) {
            Log.e(TAG, "IOException while closing MifareUltralight", e);
          }
        }
      }
    }


    // 读 tag:
    public String readTag(Tag tag) {
      MifareUltralight mifare = MifareUltralight.get(tag);
      try {
        mifare.connect();
        byte[] payload = mifare.readPages(4);
        return new String(payload, Charset.forName("US-ASCII"));
      } catch (IOException e) {
          Log.e(TAG, "IOException while writing MifareUltralight message",
e);
      } finally {
        if (mifare != null) {
          try {
            mifare.close();
          }
          catch (IOException e) {
```

```
        Log.e(TAG, "Error closing tag", e);
      }
    }
  }
  return null;
 }
}
```

你可能想知道这段代码是如何工作的，比如，当附近有一个 tag 时，你已经定义了一个 Intent 去触发。如果没有这个问题的解决方案，每次你把 tag 放到手机旁边，它不会写而会不断地读这个 tag。这是 Foreground Dispatch System 的由来。

Foreground Dispatch System 允许你破解一个 Intent 而阻止它去正常情况下要去的地方。它要求在应用的 onCreate() 方法中加一个 PendingIntent，以及在 onPause() 里使用 disableForegroundDispatch()，在 onResume() 函数里调用 enable ForegroundDispatch()。最后，必须要创建一个方法来处理来自扫描 NFC tag 的数据。

下面的代码演示了如何使用 Foreground Dispatch System。

```
@Override
protected void onCreate(Bundle savedInstanceState) {
  // 函数代码在这里

  PendingIntent pendingIntent = PendingIntent.getActivity(
      this, 0, new Intent(this, getClass())
      .addFlags(Intent.FLAG_ACTIVITY_SINGLE_TOP), 0);

  // 添加一个 IntentFilter 来告之拦截的是什么
   IntentFilter ndef = new IntentFilter(NfcAdapter.ACTION_NDEF_
DISCOVERED);
   try {
     // 这会捕获所有的 MIME 数据类型
     ndef.addDataType("*/*");
   } catch (MalformedMimeTypeException e) {
     throw new RuntimeException("fail", e);
   }
   intentFiltersArray = new IntentFilter[] {ndef };

   // techListsArray 是用来创建你将支持的技术列表
```

```
        // 这是开启前台分发时使用的
        techListsArray = new String[][] { new String[] { NfcF.class.getName()
} };
    }


    @Override
    public void onPause() {
        super.onPause();
        // 释放以恢复默认的扫描行为
        myAdapter.disableForegroundDispatch(this);
    }

    @Override
    public void onResume() {
        super.onResume();
        // 开启以拦截默认的扫描行为
         myAdapter.enableForegroundDispatch(this, pendingIntent,
intentFiltersArray,
        techListsArray);
    }

    public void onNewIntent(Intent intent) {
        Tag tagFromIntent = intent.getParcelableExtra(NfcAdapter.EXTRA_TAG);
        // 这里的逻辑用来处理 tagFromIntent
    }
```

设备传感器

安卓提供了一个获取设备制造商加到设备的传感器的 API。下面是 Android 5.0 支持的传感器列表：

- **Accelerometer**：硬件

- **Ambient temperature**：硬件

- **Gravity**：软件或硬件

- **Gyroscope**：硬件

- **Light**：硬件
- **Linear acceleration**：软件或硬件
- **Magnetic field**：硬件
- **Pressure**：硬件
- **Proximity**：硬件
- **Relative humidity**：硬件
- **Rotation vector**：软件或硬件

传感器可以放到设备里作为传感器硬件，或者通过软件计算来实现。实际上，这些计算值是从其他传感器得到的。

这里的很多传感器你都应该很熟悉，而且有一些已经被用来做过实验并成为定义的标准。例如，第一代 Cardboard 使用磁场传感器来判断是否该执行操作。其他安卓系统使用的传感器，你甚至可能都没意识到它们的存在，比如接近传感器，当你通话时用它来关闭屏幕。

请注意，以前的安卓版本不支持所有列出来的传感器。还有一些老版本的安卓支持方向传感器和温度传感器，但是已经不推荐使用了。

检测可用的传感器

不是每个传感器在所有的设备上都有一个 API，因此，你应该尽最大可能提供一个后备方案，或者删掉要求传感器的选项。

如要查看支持哪些传感器，你可以创建一个 SensorManager 对象，该对象包含所有可用的传感器或匹配一些特殊的传感器。下列代码显示了如何使用 SensorManager 对象：

```
// 创建对象
private SensorManager mySensorManager;

// 在你的 onCreate 或类似的函数里
mySensorManager = (SensorManager) getSystemService(Context.SENSOR_
SERVICE);

// 获取所有的设备传感器
List<Sensor> allSensors = mySensorManager.getSensorList(Sensor.TYPE_
```

```
ALL);
```

```
    // 只获取距离传感器
    List<Sensor> proxSensors = mySensorManager.getSensorList(Sensor.TYPE_
PROXIMITY);
```

在上面的代码中，看上去有点让人觉得困扰，因为使用的列表实际上是一个单独的传感器。使用列表的原因是因为设备上可能有多个传感器，而且你可能想用一些制造商相关的传感器。对这个例子，你可以在使用传感器之前创建一个逻辑检查某个特定的传感器和制造商。代码如下：

```
    // 查看设备是否有一个距离传感器
    if (mySensorManager.getDefaultSensor(Sensor.TYPE_PROXIMITY) != null) {
      List<Sensor> proxSensors =
          mySensorManager.getSensorList(Sensor.TYPE_PROXIMITY);
      // 遍历所有的传感器来找一个三星版本1的传感器
      for(int i=0; i<proxSensors.size(); i++) {
        if ((proxSensors.get(i).getVendor().contains("Samsung")) &&
            (proxSensors.get(i).getVersion() == 1)) {
          // 成功则设置一个变量到传感器
          mySensor = proxSensors.get(i);
          break;
        }
      }
    }
```

如果你想用其他的传感器，可以通过加一个 else 分支来修改上面的代码，然后做一个循环来查找第二个传感器去判断它的可用性。

> **注意**
>
> 如果你的应用必须要有某一个特定的传感器，可以使用 <uses-feature>，然后把传感器相关的信息加到 manifest，并通过 Google Play store 过滤应用。这有助于避免不满足你应用的系统需求的用户给差评。

在确定你的传感器可用时，接下来需要处理它们提供的数据。

读传感器数据

如要开始读数据，需要创建一个事件的 listener。这可以通过 SensorEventListener 接口，以及 onAccuracyChanged() 和 onSensorChanged() 方法来实现。

其中一个方法 onAccuracyChanged() 提供了正在使用的传感器目前的准确度设置。下面提供了一个传感器对象包含的下列常量。

- SENSOR_STATUS_UNRELIABLE
- SENSOR_STATUS_ACCURACY_LOW
- SENSOR_STATUS_ACCURACY_MEDIUM
- SENSOR_STATUS_ACCURACY_HIGH

如要执行自己定制的逻辑，需要重写这个函数，然后把相关逻辑放在其中。示例如下：

```
@Override
public final void onAccuracyChanged(Sensor sensor, int accuracy) {
    // 这里是关于传感器精准度变化的定制逻辑
}
```

其他方法 onSensorChanged() 提供了一个 SensorEvent 对象，它包含传感器准确度、数据的时间戳、哪个传感器提供的数据和传感器数据。就像 onAccuracyChanged() 函数，你需要重写这个函数来实现自己定制的逻辑，示例如下：

```
@Override
public final void onSensorChanged(SensorEvent event) {
    // event 可能返回多个值
    // 创建变量来包含事件值
    // 根据传感器值来执行定制逻辑
}
```

随着定制逻辑的创建，现在可以使用 SensorManager 在 onResume() 和 onPause() 中注册和注销事件 listener。当注册事件 listener 时，需要指明想监听的 sensor，以及速度或 sensor 的抽样速率，示例如下：

```
// 定义 Sensor Manager 和 Sensor
private SensorManager mySensorManager;
private Sensor mySensor
```

```
// 其他函数和 activity 生命周期函数

@Override
protected void onResume() {
  super.onResume();
  mySensorManager.registerListener(this, mySensor,
    SensorManager.SENSOR_DELAY_NORMAL);
}
```

请注意使用 SENSOR_DELAY_NORMAL 作为 sensor 的抽样速率。这有一个默认值：200000ms。你可以设置自己的值，或使用下列值：

- SENSOR_DELAY_GAME：20000ms 延迟

- SENSOR_DELAY_UI：60000ms 延迟

- SENSOR_DELAY_FASTEST：无延迟

一些 sensor 可以接收无延迟，但实际上不能以那个速率返回。然而，它会以最快的速度提供信息。你也应该记住使用低延迟值会提升电池电量的使用，因此会导致待机时间变短。

当你用完 sensor 时，应该注销 sensor 的 listener，包括暂停应用的时候。如果没有注销使用的 sensor，会导致它继续收集数据和使用电池。还有一点要注意，如没有调用 partial wake lock，那么关闭屏幕时 sensor 的数据收集始终不会停。下面是一个在 onPause() 里注销 listener 的例子：

```
// 定义 SensorManager
private SensorManager mySensorManager;

// 其他函数和 activity 生命周期函数

@Override
protected void onPause() {
  super.onPause();
  mySensorManager.unregisterListener(this);
}
```

总结

在这一章，你学到了在应用中使用蓝牙。有两个蓝牙的标准，老的设备用传统的蓝牙，而新的设备使用 BLE 的新功能。

你还学到了 NFC 和不同类型的 tag，以及如何使用 NFC tag 的 NDEF 和 TNF 记录。如何检测设备是否支持 NFC，以及过滤只工作于支持 NFC 设备的应用。怎么通过前台调度系统（FDS）来读写信息，以及如何处理触发的 Intent。这使你读写数据时不用担心其他应用干扰你正在处理的 NFC tag 工作。

最后，你学到了如何使用设备上的各种 sensor，有如何检测 sensor，以及如何创建事件 listener；如何通过重写 onAccuracyChanged() 和 onSensorChanged() 方法来从 sensor 中读取数据。就像你知道的注册事件很重要一样，注销 sensor 的事件 listener 也很重要，它不仅停止收集数据，还节省设备电池电量。

14
管理账户数据

由于系统的碎片化，安卓曾经被认为是一个很难用的系统。当这个平台的批评者很快指出在很多设备和硬件平台上存在潜在的问题时，安卓的部分优点是有大量的 API 可以用来备份、恢复和同步数据。这允许用户从一个设备迁移到另外一个设备而不丢失信息和应用。在这一章，你会学到 Google 提供的很多服务，以及如何集成和其他的服务一起集成来处理用户数据的传输和同步。

获取账户

许多安卓设备要求用户创建或使用一个存在的 Google 账号登录并开始使用它们。但是有些设备运行的是定制版本的安卓，因而不要求使用 Google 账号。这个时候，设备提供者实现他们自己的用户认证流程。

当你工作在已经有 Google 账号登录的设备上时，可以从用户的 profile 中请求一些信息。这可通过使用 AccountManager 类来实现，当然，你需要加一些权限到应用。

使用权限时，需要把下列代码加到应用 manifest XML 中：

```
<uses-permission android:name="android.permission.GET_ACCOUNTS"></uses-permission>
<uses-permission android:name="android.permission.AUTHENTICATE_ACCOUNTS">
</uses-permission>
```

权限加好之后，现在就可以使用 AccountManager 来获取设备上可用的账号。

注意

　　AccountManager 提供了查找设备上所有账号的功能。它允许你使用一个或多个 Google 账号。

　　下面的代码演示了使用 AccountManager 来创建一个对象，账号存在一个列表中，通过迭代和遍历来查找一个匹配的 Google 账号：

```
AccountManager myAccountManager = (AccountManager)
  getSystemService(ACCOUNT_SERVICE);
Account[] list = myAccountManager.getAccounts();
String googleAccount = "No Google Account";

for(Account account: list) {
  if(account.type.equalsIgnoreCase("com.google")) {
    googleAccount = account.name;
    break;
  }
}
// 给 googleAccount 设置 textview
TextView tv = (TextView) findViewById(R.id.myTextView);
tv.setText(googleAccount);
```

　　请注意，为了演示，这里创建一个名叫 googleAccount 的 String，然后对 List 进行迭代来获取数据。数据处理基于查找一个特定类型的账号（在这个例子中是 com. google）。这意味着任何一个连接到 Google 的账号都会返回。因为这只是一个查找某个特定类型账号的例子，你应该知道有一些用户可能有不止一个账户捆绑到设备。

提示

　　如果你工作于安卓模拟器，并且执行上面的代码时遇到一些问题，请确保使用的模拟器的目标是支持 Google API 的，而且最少是 API level 5。

　　你也可以使用 getAccountsByType() 和 getAccountsByTypeAndFeatures() 方法来返回你需要的更具体的对象。如果你正在使用一个账户做认证，请记住要检查账户是否存在于返回的账号列表中。如果不做这个，就会导致应用请求认证一个不存在的账号，从而导致给出未定义的错误。

安卓备份服务

安卓备份服务（Android Backup Service）是提供给需要保存一小部分用户数据的应用的。这对于保持设置、分数、笔记和类似的可以在设备之间转移或用于设备恢复的资源来说，是一个非常好的方案。

> **注意**
>
> 使用安卓备份服务时允许可用的最大存储空间是一个账户的每个应用有 1MB。这个服务不是用来做数据同步用的，但是它可以作为一种恢复应用数据的方式。

如果要使用安卓备份服务，必须在 Google 上注册应用来收到一个备份服务的 Key。在写本文时，这个 URL 是 http://code.google.com/android/backup/signup.html。注册是一个很短的过程，它要求你阅读和同意 Google 的服务条款协议。在你阅读和同意这个条款之后，它会要求你提供应用的 package 名字。如果你在开发多个应用，则需要同意条款和输入每个应用的 package 名字。

注册之后，它会给你一个 XML 元素，而你需要把它作为 <application> 元素的一个子元素放到应用 manifest XML 里。下面是生成 key 的一个例子：

```
<meta-data android:name="com.google.android.backup.api_key"
    android:value="ABcDe1FGHij2KlmN3oPQRs4TUvW5xYZ" />
```

当你仍然工作于应用 manifest XML 文件中时，需要添加一个 androidbackupAgent 的参数到 <application> 元素。这个属性的值要和你用于备份 agent 的名字一致。下面是一个使用 MyBackupAgent 作为备份 agent 名字的例子：

```
<application android:label="MyApp" android:backupAgent="MyBackupAgent">
```

对于备份 agent 使用的命名方式需要特别注意。不用驼峰式来命名一个变量，它使用上驼峰式或 PascalCase 格式。这是因为你需要创建一个有名字的类，而且扩展自 BackupAgentHelper。它还应该实现 onCreate() 函数的重写。下面是这个类的例子：

```
import android.app.backup.BackupAgentHelper;
import android.app.backup.FileBackupHelper;

public class MyBackupAgent extends BackupAgentHelper {

    // 给备份的设置文件设定名字
```

```
static final String HIGH_SCORES_FILENAME = "scores";
static final String INVENTORY_FILENAME = "inventory";

// 创建一个 key 来识别备份数据集
static final String FILES_BACKUP_KEY = "mybackupfileskey";

// 分配 helper 并把它添加到备份 agent
@Override
void onCreate() {
  FileBackupHelper helper = new FileBackupHelper(this,
      HIGH_SCORES_FILENAME, INVENTORY_FILENAME);
  addHelper(FILES_BACKUP_KEY, helper);
  }
}
```

如要备份多个文件，需要创建两个字符串，并把它们设置成需要备份的文件名。然后将这些字符串作为参数传给 FileBackupHelper() 方法，需要恢复时会使用 FILES_ BACKUP_KEY。因为这个值是一个 key，它不必是小写、驼峰式、大写或混合方式。

文件不是你从应用能备份的唯一资源。如果想备份应用的设置，可以使用 SharedPreferencesBackupHelper，其用法几乎和 FileBackupHelper 相同。下面的例子展示了如何备份设置。

```
import android.app.backup.BackupAgentHelper;
import android.app.backup.SharedPreferencesBackupHelper;

public class MyBackupAgent extends BackupAgentHelper {
// 给备份的设置设定名字
// 这些要和 getSharedPreferences ( ) 中使用的值匹配

  static final String PREFS_OPTIONS = "optionsprefs";
  static final String PREFS_SCORES = "highscores";

// 创建一个 key 和 preference 备份一起使用
  static final String PREFS_BACKUP_KEY = "myprefsbackupkey";

// 分配 helper 并把它添加到备份 agent
  void onCreate() {
    SharedPreferencesBackupHelper helper =
```

```
           new SharedPreferencesBackupHelper(this, PREFS_OPTIONS, PREFS_
SCORES);
        addHelper(PREFS_BACKUP_KEY, helper);
    }
}
```

如果开始一个备份流程，则需要使用 BackupManager 和 dataChanged() 来请求备份。在请求发生之后，BackupManager 会调用 onBackup() 方法，备份就会被执行。下面是一个展示如何创建备份请求的例子：

```
public void requestBackup() {
  BackupManager bm = new BackupManager(this);
  bm.dataChanged();
}
```

请注意，在上面的类中也需要使用 import android.app.backup.BackupManager。你还应该记住，备份服务不是基于需要而运行的，但是只要数据有变化，你仍然应该调用它。因此，用户才可能有最新保存的信息。

使用 Google Drive 安卓 API

许多安卓用户有一个和 Google Service 兼容的设备，这样他们就可以访问 Google Drive。Google Drive 是一个可以和其他 Google Service 一起工作的存储服务，包括 Google Play Service。这允许用户免费存储很多数据，而且还有一个选项是需要的情况下可购买更多的空间。

随着应用变得越来越复杂，用户已经开始提高他们对能移动和从任意地方访问数据的依赖性，而且是在他们拥有的任何设备上。如要使事情变得更复杂，用户期望不仅仅是能读数据，他们还想写数据，而且数据可以随时随地保存，而不用担心在电梯里、地铁里，或者是进入一个隧道里。在每个场景里，连接都有可能会掉线，由于突然的连接掉线使读或写操作失败。

Google Drive 安卓 API 能使你克服这些问题，通过安卓 native picker 来提供用户数据的访问，给用户透明的数据离线同步来维持写的完整性，而且可以在 Gingerbread 以及以上版本运行。

如要开始在应用里实现这个 API，则需要在 Google Developer 控制台注册应用。这是允许你访问 Google Service 的控制台，但是它和 Play Store 控制台是分开的（`https://console.developers.google.com`）。

如果你工作于一个还没有在 Developer 控制台注册过的应用中，则可以注册你的应用，而 Developer 控制台会引导你创建它并签名。

如果你的应用已经注册，可以选择它，然后用 APIs & Auth 菜单来选择 API，并在列表里找到 Drive API。这样你的应用就可以访问了。请注意，你需要生成 apk 文件并给它签名。如果你想提交授权请求，必须要添加 OAuth 2.0 认证到应用，然后使用 Developer 控制台来生成客户端 ID。

一旦所有的认证都已创建好，而且 Drive API 的访问也开启，就可以在应用中创建一个客户端来开始访问数据。这是通过在 Activity 的 onCreate() 方法中创建一个客户端来实现的，然后你可以在 Activity 的 onStart() 方法中连接它。使用应用时如果发现某一个用户没有授权，它会调用 onConnectionFailed() 回调函数。这允许用户授权从 App 内部访问他们的数据。下面的代码演示了 Builder 模式的创建、客户端的连接和 onConnectionFailed() 回调函数的使用：

```java
@Override
public void onCreate(Bundle savedInstanceState) {
  super.onCreate(savedInstance);

  myGoogleApiClient = new GoogleApiClient.Builder(this)
      .addApi(Drive.API)
      .addScope(Drive.SCOPE_FILE)
      .addConnectionCallbacks(this)
      .addOnConnectionFailedListener(this)
      .build();
}

@Override
protected void onStart() {
  super.onStart();
  myGoogleApiClient.connect();
}

@override
public void onConnectionFailed(ConnectionResult connectionResult) {
```

```
    if (connectionResult.hasResolution()) {
      try {
        connectionResult
              .startResolutionForResult(this, RESOLVE_CONNECTION_REQUEST_
CODE);
      } catch (IntentSender.SendIntentException e) {
        // 应用不能解析连接, 在这里添加错误逻辑
      }
    } else {
      GooglePlayServicesUtil
              .getErrorDialog(connectionResult.getErrorCode(), this,
0).show();
    }
  }
```

如果提示用户对 App 进行授权, Activity 的 onActivityResult() 方法会被调用。这也会传回一个参数, 后面需要检查它是否为 RESULT_OK。如果是, 客户端需要再次连接。下面的例子演示了用这个方法来处理这种场景:

```
@Override
protected void onActivityResult(final int requestCode,
                                final int resultCode, final Intent data) {
  switch (requestCode) {
    // 把你的 case 放在这里
    case RESOLVE_CONNECTION_REQUEST_CODE:
        if (resultCode == RESULT_OK) {
          myGoogleApiClient.connect();
        }
        break;
    // 这里存放其他 case 或默认
  }
}
```

在连接和授权完成之后, 可以使用 DriveFile 接口来读写文件。其 Drive 的架构决定了你用的每个文件有两个副本, 一个是本地创建的, 另一个是存在于 Drive 中的。使用 DriveFile.open() 方法允许本地检查一个文件, 如果没找到, 尝试从 Drive 服务中找它。

注意

如果只需获取文件来做读操作，可以使用 InputStream；如果只想保存文件，则可以使用 OutputStream；如果想读和写，应该使用 ParcelFileDescriptor。当给一个文件添加内容时，需要使用 ParcelFileDescriptor，因为 WRITE_ONLY 会截断你写的文件。

当你从 Drive 中获取一个文件时，一个名叫 DriveContents 的资源将会作为你工作文件的临时副本可用。这个资源不要求你验证是否可以得到想要的文件。下面是发出文件请求的例子，以及验证 DriveContents 资源的内容的流程：

```java
// 要么创建一个文件对象，要么使用 Drive.DriveApi.getFile()
// MODE_READ_ONLY 表明使用一个 InputStream
file.open(myGoogleApiClient, DriveFile.MODE_READ_ONLY, null)
    .setResultCallback(contentsOpenedCallback);

ResultCallback<DriveContentsResult> contentsOpenedCallback =
    new ResultCallback<DriveContentsResult>() {
  @Override
  public void onResult(DriveContentsResult result) {
    if (!result.getStatus().isSuccess()) {
      // 文件无法打开，显示正确的信息
      return;
    }
    // 设置内容给二进制返回
    DriveContents contents = result.getDriveContents();
  }
};
```

如要读取刚才打开文件的二进制内容，需要创建一个 BufferedReader、一个 StringBuilder 和一个 String。当你完成这个文件的处理之后，请记住使用 DriveContents.commit 或 DriveContents.discard 来关闭文件。下面是一个关于如何把二进制数据转换成 String 的例子，以及如何关闭文件。

```java
// 把这段代码添加到二进制读的地方
DriveContents contents = result.getDriveContents();
BufferedReader reader =
      new BufferedReader(new InputStreamReader(contents.
getInputStream()));
StringBuilder builder = new StringBuilder();
```

```
String line;
while ((line = reader.readLine()) != null) {
    builder.append(line);
}
// 创建一个字符串来保存内容
String contentsAsString = builder.toString();
// 执行字符串逻辑

// 下列代码关闭文件
contents.commit(mGoogleApiClient, null)
    .setResultCallback(new ResultCallback<Status>() {
  @Override
  public void onResult(Status result) {
    // 基于结果状态处理
  }
});
```

写文件和读是类似的，你需要做的是获取文件并打开它，然后执行写操作，最后是关闭文件。请记住，如果需要添加内容到文件，应使用 ParcelFileDescriptor，而不是 OutputStream。下面是一个关于打开文件的例子，它会添加一个 String 消息到文件，然后关闭它。

```
// 创建一个文件对象，使用 Drive.DriveApi.getFile() 或 DriveContents
file.open(mGoogleApiClient, DriveFile.MODE_WRITE_ONLY, null)
    .setResultCallback(new ResultCallback<DriveContentsResult>() {
  @Override
  public void onResult(DriveContentsResult result) {
    if (!result.getStatus().isSuccess()) {
      // 文件不能打开，显示正确的信息
      return;
    }
    DriveContents contents = result.getDriveContents();
  }
});

// 把字符串追加到打开的文件
try {
  ParcelFileDescriptor parcelFileDescriptor =
```

```
                    contents.getParcelFileDescriptor();
    FileInputStream fileInputStream =
        new FileInputStream(parcelFileDescriptor.getFileDescriptor());
    // 读取文件结束的地方
    fileInputStream.read(new byte[fileInputStream.available()]);

    // 追加到文件
    FileOutputStream fileOutputStream = new FileOutputStream(parcelFileDesc
riptor
        .getFileDescriptor());
    Writer writer = new OutputStreamWriter(fileOutputStream);
    writer.write("Howdy World!");
    writer.flush();
} catch (IOException e) {
    e.printStackTrace();
}

// 关闭文件
contents.commit(mGoogleApiClient, null)
    .setResultCallback(new ResultCallback<Status>() {
    @Override
    public void onResult(Status result) {
        // 基于响应状态处理
    }
});
```

一旦关闭文件，我们会把它标记出来与 Drive 服务同步。同步服务是自动运行的，当有网络时，它会执行连接检查来确保需要更新的任何文件都会完成和成功执行这个操作。

使用 Google Play Game 服务

Google Play Game 是一个允许游戏开发者创建成果、跟踪登录信息、授权用户权限，以及添加游戏的社交体验来允许你给用户提供更好和更容易上瘾的游戏。为了实现所有可用的服务，有很多东西需要学习，而在本节，我们主要集中介绍处理用户数据最麻烦的方面。

怎样给换了新设备或有多个设备的用户提供一个有质量的"保存"体验一直是一个问题。当用户只有一个设备时，保存游戏数据是一件可以管理的事情。作为一个开发者，你可以保存到本地文件系统或数据库。

这个策略的问题是许多用户可能有多个设备。实际上，他们不可能拥有多个设备，但是在你应用的生命周期，他们可能会升级或换设备。当这些发生时，用户不希望再做以前做的事情来花更多的时间获取他们在你游戏中的位置。

开发者最后采用了各种不同的策略来保存、存储和在设备之间同步游戏数据。有实现总比没有好，但是为了解除这个特殊的负担，Google 提供了一个免费的服务来帮助我们使用 Google Play Game Service 处理这个流程。

如要使用 Google Play Game Service，需要登录到 Google Play Developer 控制台，然后把你的名字加进去，这包括游戏的描述以及名字。你还需要确保有游戏的证书，这通常包括创建 OAuth 客户端和把它连接到控制台。

Google 编写了一个指南，你可以遵循它来做，其中有非常详细的步骤是关于如何创建。它也是最好的参考文档，因为这个是在更新反映 Google Play Developer 控制台以及如何使用它的。访问此指南请打开 https://developers.google.com/games/services/console/enabling 。

在你的应用注册到控制台之后，就可以使用 Google Play Game Service 的所有功能了。对于如何使用可用功能的例子，可以访问放在 GitHub 上的示例代码仓库 https://github.com/playgameservices/android-basic-samples。

保存游戏

如果你的游戏应用要使用 Google Play Game Service 来保存数据，只需要提供两个东西：

- 游戏数据的二进制 blob
- Metadata，包含 Google 提供的数据和你提供的数据，有 ID、名字、描述、最后修改时间戳、玩的时间和一张封面图片。

请注意，你只有 3MB 的空间用来保存二进制 blob 和 800KB 空间存封面图片。这个封面图片是用来帮助玩家以一种可视的方式理解你的游戏和所处的位置。封面图片不仅应该显示你的游戏，而且如果玩家在一段时间没玩游戏，可以帮助吸引玩家继续玩游戏。

数据和封面图片保存在玩游戏的用户的 Drive 账号里，该目录对他们来说是隐藏的，而且包含了游戏 blob 和封面图片。由于使用的 Drive 服务，当你创建 Google Service API

客户端时，将需要把 Games 和 Drive 作为客户端的一部分包含进来。下面的例子展示了如何使用创建者方法构建运行访问 Google Plus、Google Games 和 Google Drive 的 API。

```
@Override
public void onCreate(Bundle savedInstanceState) {
  // 使用 Play、Game 和 Drive access 来创建 Service API
  myGoogleApiClient = new GoogleApiClient.Builder(this)
      .addConnectionCallbacks(this)
      .addOnConnectionFailedListener(this)
      .addApi(Plus.API).addScope(Plus.SCOPE_PLUS_LOGIN)
      .addApi(Games.API).addScope(Games.SCOPE_GAMES)
      .addApi(Drive.API).addScope(Drive.SCOPE_APPFOLDER)
      .build();
}
```

若用代码实现，游戏可以当作 Snapshot 来引用。这是把需要的 blob 和 metada 合并到一起来保存游戏。为了保存 Snapshot，需要得到一个它的引用，使用 open() 和 writeBytes() 方法来写当前的游戏数据，然后使用 commitAndClose() 方法保存 Snapshot。下面是一个展示如何使用该方法来保存游戏的例子：

```
private PendingResult<Snapshots.CommitSnapshotResult>
  writeSnapshot(Snapshot snapshot,
  byte[] data, Bitmap coverImage, String desc) {

  // 获取 snapshot 的内容并写它
  snapshot.getSnapshotContents().writeBytes(data);

  // 设置 metadata 变化
   SnapshotMetadataChange metadataChange = new SnapshotMetadataChange.
Builder()
    .setCoverImage(coverImage)
    .setDescription(desc)
    .build();

  // 提交 snapshot
   return Games.Snapshots.commitAndClose(myGoogleApiClient, snapshot,
metadataChange);
  }
```

如要加载一个保存的游戏，应该把这个处理从主线程中移出来采用异步方法。这可以通过 AsyncTask 来重写 doInBackground() 函数实现。然后调用 load() 函数：

```
private byte[] mySaveGameData;

void loadFromSnapshot() {
    // 在这里考虑使用一个加载消息或 widget

    AsyncTask<Void, Void, Integer> task =
        new AsyncTask<Void, Void, Integer>() {
        @Override
        protected Integer doInBackground(Void... params) {
            /*
             * 使用 myCurrentSaveName 打开保存的游戏
             * 使用 true 作为 open() 的第三个参数
             * 如果没有创建的话，它会创建一个保存的游戏
             */
            Snapshots.OpenSnapshotResult result = Games.Snapshots
                .open(myGoogleApiClient, myCurrentSaveName, true).await();

            // Open 函数工作正常吗?
            if (result.getStatus().isSuccess()) {
                Snapshot snapshot = result.getSnapshot();
                try {
                    // 读取保存游戏的字节内容
                    mySaveGameData = snapshot.getSnapshotContents().readFully();
                } catch (IOException e) {
                // 记录 IO 错误
                    Log.e(TAG, "Error while reading Snapshot.", e);
                }
            } else {
                // 记录状态代码错误
                Log.e(TAG, "Error while loading: " +
                    result.getStatus().getStatusCode());
            }
            return result.getStatus().getStatusCode();
        }

        @Override
```

```
    protected void onPostExecute(Integer status) {
        // 如果使用和更新 UI，就会关闭加载消息或进度对话框
    }
};
task.execute();
}
```

如果你不想实现自己的设计来处理游戏加载，可以使用 Google Play Games Service 提供的开箱即用方案。这是通过两个方法启动的，调用一个 Intent 来显示用户保存的游戏，而且允许用户基于传给函数的参数来删除或创建一个新保存的游戏。下面的例子演示了如何显示保存的游戏的 UI，以及如何使用 onActivityResult() 方法来处理创建一个新保存或加载的游戏：

```
// 显示保存的游戏 UI
// RC_SAVED_GAMES 设置到一个 int 来识别它
private static final int RC_SAVED_GAMES = 1003;

private void showSavedGamesUI() {
    // 设置保存的个数并显示
    int maxNumberOfSavedGamesToShow = 3;
    // 参数 3 和 4 代表 allowAddButton 和 allowDelete
    Intent savedGamesIntent =
        Games.Snapshots.getSelectSnapshotIntent(myGoogleApiClient,
        "See Saved Games", true, true, maxNumberOfSavedGamesToShow);
    startActivityForResult(savedGamesIntent, RC_SAVED_GAMES);
}


// 保存一个新游戏或加载已经存在的一个
// 通过创建一个临时 snapshot 来开始
private String myCurrentSaveName = "snapshotTemp";



// startActivityForResult() 从 ShowSavedGamesUI() 函数里调用之后
// 这个回调会被触发

@Override
protected void onActivityResult(int requestCode, int resultCode,
    Intent intent) {
```

```
    if (intent != null) {
      if (intent.hasExtra(Snapshots.EXTRA_SNAPSHOT_METADATA)) {
        // 加载一个 snapshot
        SnapshotMetadata snapshotMetadata = (SnapshotMetadata)
        intent.getParcelableExtra(Snapshots.EXTRA_SNAPSHOT_METADATA);
        // 避免硬编码的名字，使用 snapshot 的名字
        myCurrentSaveName = snapshotMetadata.getUniqueName();

        // 这里存放从 snapshot 里加载游戏数据的逻辑

      } else if (intent.hasExtra(Snapshots.EXTRA_SNAPSHOT_NEW)) {
        // 创建一个新的 snapshot，使用一个唯一的字符串进行命名
        String unique = new BigInteger(281, new Random()).toString(13);
        myCurrentSaveName = "snapshotTemp-" + unique;

        // 创建新 snapshot 的逻辑放在这里
      }
    }
  }
```

如果需要更多关于如何在游戏里实现这个逻辑的参考文档，请访问文档 https://developers.google.com/android/reference/com/google/android/gms/games/snapshot/package-summary。你也能在 https://github.com/playgameservices/android-basic-samples/tree/master/BasicSamples/SavedGames 中查看保存的游戏代码示例。这个例子也包含如何把数据从老的云存储服务迁移到 Saved Game Service，后者是 Google Play Game Service 的一部分。

总结

在这一章，你学到了使用 AccountManager 来处理账号细节的基本方法。这通过指定与一些 Google 账号匹配的 package 名来实现并获取用户账户名。你也了解到一个设备上可能有多个账号，你应该获取全部账号，从而返回一个列表，或者让用户选择他想用哪一个。

你还学到了安卓备份服务。这个服务允许你做一些小的备份，在你要擦除数据、设备重置，或创建一个新设备时，它可以帮你恢复用户设置。这对于数据同步来说不是一个合适的设备，但是对小量数据恢复是一个有帮助的免费方案。

　　然后是 Google Drive 安卓 API，可以使用 Google Drive 来加载文件到设备，或者设备到 Google Drive。你还了解到了使用这个服务的好处，因为它可以给不停地在移入或移出数据或网络区域的手机用户提供一个无缝的集成。你还学到了如何使用这个 API 读写文件。

　　最后，我们介绍了关于 Google Play Game Service 的一部分内容。这些服务提供了很多函数和库来帮助我们更容易地做游戏开发。还有怎么使用 snapshot 来保存游戏，如何加载一个游戏，以及如何使用内置的 UI 方案来保存和加载游戏到设备。

Google Play Service

Google Play Service 是 Google 提供的 API 的一个集合，它可以帮助开发者利用数据、计算和方法来创建更好的应用。这是通过允许你使用大量的数据集和 Google 集成到很多服务里的通信资产。

在这一章，你会学到如何添加 Google Play Service 到应用，创建与服务通信的客户端，以及如何使用捆绑到 Google Play Service 里的 API。

添加 Google Play Service

如果你以前在应用里从未使用过 Google Play Service，则需要做一些初始化设置。你应该先打开 Android SDK Manager，然后下载最新版本的 Google Play Service。如果没有在管理器里看到它，则可能需要滚动到列表的最下面，然后展开 Tools 章节。

如果你已经在 Android Studio1.3+ 里了，当你使用图标打开 SDK Manager 时，设置窗口会从左边的菜单里打开选中的安卓 SDK。然后，你可以单击 SDK Tools 标签，打开其复选框。请注意，你可能会收到一个消息说不是所有的 package 都可以安装。当这些发生时，单击按钮启动独立的 SDK Manager，然后可以选中复选框来下载所需要的 package。

> **注意**
>
> 如果你已经创建了一个 AVD 来测试应用，请确保它支持 Google API。如果你使用的 AVD 不支持 Google API，应用功能会不正确，而且可能导致 ANR 或运行崩溃。

下载 Google Play Service 之后，就可以修改应用的 Gradle 文件。请打开应用模块里的 `build.gradle` 文件，它位于工程的 `ApplicationDirectory/app/build.gradle`。在 Dependency 章节添加下列代码：

```
dependencies {
  // 其他依赖可以列在这里
  compile 'com.google.android.gms:play-services:7.8.0'
}
```

请注意，你应该用最新的可用版本。在这个例子中，用的版本是 7.8.0，但是随着 Google Play Service 新版本的发布，它会增加。

在你编辑之后，需要重新同步 Gradle 编译文件。这可以通过单击出现在编辑器屏幕上的信息 Sync Project with Gradle Files 来实现。如果你没有看到那个提示，可以使用 context 菜单，然后单击 Tools、Android、Sync Project with Gradle Files。

当编译完成时，就可以开始在应用里使用 Google Play Service 了。

如果你的项目很大，它有很多 import 或者使用 framework 很多，当你尝试编译时可能会看到错误。这是由于应用有且只有 65536 个函数的限制。你可以选择性地只编译 Google Play Service 的一部分，这可以通过把它们作为依赖调用而不是使用全部，语句如下：

```
// 使用这个
compile 'com.google.android.gms:play-services-fitness:7.8.0'
// 而不是这个
compile 'com.google.android.gms:play-services:7.8.0'
```

表 15.1 列出来了目前可用的 service。

表 15.1　可用的 Google Play Services

Google Play Service	依赖
Google+	com.google.android.gms:play-services-plus:7.8.0
Google Account Login	com.google.android.gms:play-services-identity:7.8.0
Google Actions, Base Client Library	com.google.android.gms:play-services-base:7.8.0
Google App Indexing	com.google.android.gms:play-services-appindexing:7.8.0
Google App Invites	com.google.android.gms:play-services-appinvite:7.8.0
Google Analytics	com.google.android.gms:play-services-analytics:7.8.0
Google Cast	com.google.android.gms:play-services-cast:7.8.0
Google Cloud Messaging	com.google.android.gms:play-services-gcm:7.8.0
Google Drive	com.google.android.gms:play-services-drive:7.8.0
Google Fit	com.google.android.gms:play-services-fitness:7.8.0

Google Play Service	依赖
Google Location, Activity Recognition, Places	com.google.android.gms:play-services-location:7.8.0
Google Maps	com.google.android.gms:play-services-maps:7.8.0
Google Mobile Ads	com.google.android.gms:play-services-ads:7.8.0
Mobile Vision	com.google.android.gms:play-services-vision:7.8.0
Google Nearby	com.google.android.gms:play-services-nearby:7.8.0
Google Panorama Viewer	com.google.android.gms:play-services-panorama:7.8.0
Google Play Game services	com.google.android.gms:play-services-games:7.8.0
SafetyNet	com.google.android.gms:play-services-safetynet:7.8.0
Google Wallet	com.google.android.gms:play-services-wallet:7.8.0
Android Wear	com.google.android.gms:play-services-wearable:7.8.0

使用 Google API 客户端

连接到 Google Play Service 最容易的方法是使用 Google API 客户端。在前面的章节，Google API 客户端通过 builder 模式建立连接。一般倾向于使用 builder 模式，因为它允许你快速添加和删除 service，以及优化连接的创建和需要的资源。

下面的代码是一个 refresher，它是关于如何使用 builder 模式来创建一个 GoogleApiClient：

```
GoogleApiClient myGoogleApiClient = new GoogleApiClient.Builder(this)
    .addApi(Drive.API)
    .addScope(Drive.SCOPE_FILE)
    .addConnectionCallbacks(this)
    .addOnConnectionFailListener(this)
    .build();
```

如要完成一个连接，不仅需要添加想用的 API，还必须要为 ConnectionCallbacks 和 OnConnectionFailedListener 实现一个回调接口。当 service 不可用时，或者运行 App 的设备不支持 Google Service 时，这些需要用来防止应用崩溃。

有三个方法可以在 Activity 里重写，然后允许把处理连接、挂起和失败的逻辑放在里面。每个方法允许有一个机会来处理逻辑，甚至从潜在的错误中恢复。

　　如果你遇到一个触发 onConnectionFailed() 方法的错误，请尝试在 ConnectionResult 对象上调用 hasResolution() 来解决它。这允许你让用户修复出错的地方，而且尝试再次连接。如果解决方案不可用，请使用 GoogleApiAvailability.getErrorDialog()，它会提供信息和连接错误的一个潜在的方案（比如更新设备上的 Google Play Service）。

　　代码清单 15.1 阐述了使用 onConnected()，onConnectionSuspended 和 onConnection Failed 方法，以及当错误发生时，创建一个对话框来和用户交互。

代码清单 15.1　当连接到 Google Play 服务时使用重写方法

```
// 创建连接失败发生时的变量
// Activity 传输的代码, 不能为负数
private static final int REQUEST_RESOLVE_ERROR = 1331;
// 错误对话框 fragment 的 tag
private static final String DIALOG_ERROR = "dialog_error";
// 设置一个 boolean 变量来跟踪是否错误的解决方案正在发生
private boolean myResolvingError = false;

@Override
public void onConnected(Bundle connectionHint) {
    // 连接是对的, 在这里添加成功的逻辑
}

@Override
public void onConnectionSuspended(int cause) {
    // 有一个连接, 但是它现在失败了
    // 禁用任何依赖于这里工作的连接的组件
}

@Override
public void onConnectionFailed(ConnectionResult result) {
    // 连接失败了, 这可能是因为你尝试使用的 GoogleApiClient 里
    // 一个或多个 API 是目前正在解决的错误?
    if (myResolvingError) {
    // 一个错误已经在处理中
      return;
    } else if (result.hasResolution()) {
      try {
```

```
      myResolvingError = true;
      result.startResolutionForResult(this, REQUEST_RESOLVE_ERROR);
   } catch (SendIntentException e) {
   // 问题和解析的 intent 有关，尝试再连接一次
      myGoogleApiClient.connect();
   }
} else {
   // 不能用 hasResolution() 调用 showErrorDialog() 来创建一个对话框和
   // 显示 GoogleApiAvailability.getErrorDialog() 的内容
   showErrorDialog(result.getErrorCode());
   myResolvingError = true;
   }
}
```

```
private void showErrorDialog(int errorCode) {
   // 为错误对话框创建一个 fragment
   ErrorDialogFragment dialogFragment = new ErrorDialogFragment();
   // 创建一个 bundle 来传输错误参数
   Bundle args = new Bundle();
   args.putInt(DIALOG_ERROR, errorCode);
   // 设置参数到 dialogFragment，然后显示它
   dialogFragment.setArguments(args);
   dialogFragment.show(getSupportFragmentManager(), "errordialog");
}
```

```
// 这是在对话框关闭时从 ErrorDialogFragment 里调用的
public void onDialogDismissed() {
   myResolvingError = false;
}
```

```
// 对话框 fragment 来显示错误
public static class ErrorDialogFragment extends DialogFragment {
   public ErrorDialogFragment() { }

   @Override
   public Dialog onCreateDialog(Bundle savedInstanceState) {
      // 获取错误代码并返回对话框
```

```
int errorCode = this.getArguments().getInt(DIALOG_ERROR);
return GoogleApiAvailability.getInstance().getErrorDialog(
  this.getActivity(), errorCode, REQUEST_RESOLVE_ERROR);
}


@Override
public void onDismiss(DialogInterface dialog) {
  // onDismiss 调用 onDialogDismissed 来设置 myResolvingError 为 false
  ((MyActivity) getActivity()).onDialogDismissed();
}
}

// 用户已经解决了问题，然后 onActivityResult 回调被调用
@Override
protected void onActivityResult(int requestCode, int resultCode,
  Intent data) {
if (requestCode == REQUEST_RESOLVE_ERROR) {
  myResolvingError = false;
  // 检查错误现在是否 ok，以及一个连接是否已经建立或尝试过建立
  if (resultCode == RESULT_OK) {
    if (!myGoogleApiClient.isConnecting() &&
        !myGoogleApiClient.isConnected()) {
      myGoogleApiClientConnect();
    }
  }
}
}
```

这个列表的注释写得非常清楚，但是，你应该特别注意 myResolvingError，它是用来跟踪连接状态的。还有一点要注意，Google Play Service 已经定义了 ErrorDialogFragment，因此不需要再次定义了。

有一点很容易忘记，用户可能会在连接过程中时刻把设备放进兜里，或者旋转屏幕。当这些发生时，Activity 重新启动，而且所有的连接都可能会处于正在连接的状态。通过把 Boolean 值保存到 onSaveInstanceState()，可以解决这个特殊的问题。

下列代码演示了如何把这些保存到 onSaveInstanceState()，以及如何在 onCreate() 函数中恢复：

```
private static final String STATE_RESOLVING_ERROR = "resolving_error";

@Override
protected void onSaveInstanceState(Bundle outState) {
  super.onSaveInstanceState(outState);
  outState.putBoolean(STATE_RESOLVING_ERROR, myResolvingError);
}

@Override
protected void onCreate(Bundle savedInstanceState) {
  super.onCreate(savedInstanceState);
  // onCreate 剩下的代码应该放在这里

  myResolvingError = savedInstanceState != null
    && savedInstanceState.getBoolean(STATE_RESOLVING_ERROR, false);
}
```

现在你知道了如何使用 `GoogleApiClient` 创建一个连接，接下来介绍使用 Google Play Service 的几个例子。

Google Fit

Google Fit 是 Google Play Service 的一部分。它允许你使用设备上的传感器和 Google 的超强计算能力来跟踪用户的行为。Google Fit 强大的地方是它能使用一个人的所有设备的信息，因而被认为是最准确的。这使唯一的健身可穿戴，它是用户需要的，而且通常总是随时携带的。

请注意，Google Fit 实际上是一系列 API 的集合，它可用来使这些神奇的事情发生。下面是这些 API 的列表，以及它们可以使用 Google Fit 来干什么：

- **Sensors API**：读取设备和配套设备传感器的原始数据。
- **Recording API**：允许数据存储和记录。
- **History API**：允许通过插入、删除和读取的方式进行批处理健身数据。
- **Sessions API**：允许通过 metadata 把数据分成组。
- **Bluetooth Low Energy API**：允许和 BLE 设备兼容，支持数据解析和从不

同的 BLE 设备读取数据。

- **Config API**：允许使用定制数据类型和 Google Fit 的配置设置。

开启 API 和鉴权

有一些 Google Play Service 要求不仅仅创建一个连接客户端设置。使用 Google Fit 要求你登录到 Google Developer 控制台（https://console.developers.google.com），然后创建一个新项目，或者选择一个已经添加的工程。在你创建或选择工程之后，需要开启 Fitness API。这可以通过查找 API&Auth 菜单，然后输入 Fitness 到搜索框。而后，你会看到 Fitness API 页面，它提供了一个简要的概述。单击靠近页面上方的 Enable API 按钮，它会为你的工程打开 API。

现在你已经开启 API 了，接下来需要管理它的连接。这通过生成一个安卓应用的 OAuth 2.0 客户端来实现。可以单击 API&Auth 菜单下的 Credentials 链接来做到这一点。它会显示一个允许添加 OAuth Credentials 的页面。在你单击 Add Credentials 链接之前，请确保你的工程已经正确地显示 OAuth Consent 界面。过滤出这个数据可以通过使用页面上边的标签实现。当他们刚开始使用数据创建一个到应用的连接时，OAuth Consent 界面会显示给用户。这也给你一个机会添加标识、策略、服务条款，以及用户看见的一个 Google+ 页面来确保他们已经理解数据并真正进入他们想要的 App 和将要对信息做什么样的处理。

填完需要提供的信息之后，可以保存改动，然后回到 Credentials 标签，并单击页面上的 Add Credentials 按钮。这时会激活一个下拉菜单，它会询问你想添加什么类型的 credentials，选择 OAuth 2.0 Client ID 选项即可。

接下来，它会让你选择应用类型。有很多选项会列出来，但是你应该单击 Android 选项，因为你准备在安卓 App 里使用 API。当你单击这个选项时，页面上会显示相关选项来为 app 创建一个客户端。你可以提供给客户端一个 ID 名字，然后提供一个有签名证书的指纹。如果没有这个，则需要在控制台执行下列命令：

```
keytool -exportcert -alias androiddebugkey -keystore ~/.android/debug.
keystore -list -v
```

请注意，整个命令必须在同一行，但这里把它分成两行了。你也应该输入 keystore 文件的正确路径。如果想用 debug.keystore 文件，其位置如下：

- OS X and Linux : ~/.android/debug.keystore

- Windows : %USERPROFILE%\.android\debug.keystore

当执行这个命令时，它会提示输入 keystore 的密码（如果你使用的是 debug. keystore 文件，密码是空的，因此，当它提示输入密码时可以直接按回车键继续）。然后就可以看到 certificate 的输出了。这包含很多关于 certificate 的数据。你要的信息在 Certificate Fingerprint 部分，此时需要复制显示在 SHA1 部分的值。

在输入或粘贴你的指纹到 Developer Console 的指定区域之后，需要添加应用的 package 名字，然后决定是否允许来自 Google+ 的深度链接。深度链接允许单击和分享应用来自动启动，或基于深度链接数据提示安装应用。

当你做出决定之后，就可以单击 Create 按钮来生成 OAuth 2.0 客户端。很快，你就会收到 OAuth 2.0 client ID。

App 配置和连接

Google Fit 是 Google Play Service 的一部分。在本章第一节已经讲了需要加一个依赖到应用的 build.gradle 文件。这里提醒一下，需要把下面的代码添加到 App 的 build. gradle 文件中的 dependencies 部分：

```
dependencies {
    // 其他依赖可以列在这时
    compile 'com.google.android.gms:play-services:7.8.0'
}
```

现在可以创建 GoogleApiClient，并添加 Fitness API，以及指定你想访问的 scope。Google 维护的一个列表可以在 https://developers.google.com/fit/android/authorization 中找到（请注意，字段名是 FITNESS 开始的）。下面的代码演示了创建客户端并添加两个 scope 来访问用户数据：

```
myClient = new GoogleApiClient.Builder(this)
    .addApi(Fitness.API)
    .addScope(FitnessScopes.SCOPE_ACTIVITY_READ)
    .addScope(FitnessScopes.SCOPE_BODY_READ_WRITE)
    .addConnectionCallbacks(this)
    .addOnConnectionFailedListener(this)
    .build();
```

一旦创建了客户端，你就可以开始在 onConnected() 方法里调用了。这包含创建监听器来显示在线数据、心跳，甚至允许用户管理他们的体重。

Nearby Message API

Google Play Service 提供的新服务之一是 Nearby API。不管是安卓还是 iOS 平台的设备，Nearby API 都允许它们交换消息。这是通过创建一个发布 - 订阅服务来支持少量二进制数据在设备之间传递的。传输是通过 Wi-Fi、蓝牙，或者甚至是一个使用扬声器和麦克风的超声波调制解调器来发送和解析数据。

这意味着你可以控制消息发送的范围。消息不再受限于物理空间，而且通过一个连接 Internet 的设备可以传送更远，或者近到 5 英尺（1.5m）之内。

虽然它是作为 Google Service 的一部分提供的，但是当使用 Nearby API 的消息部分时，应用的使用者并不需要有一个 Google 账号。但是，如要提供独特时间的配对代码，以及维护通用的令牌和 API 密钥来鉴定应用令牌，作为一个开发者，你需要把这个 API 加到 Google Developer Console，以及生成一个你的证书的 SHA1 指纹。

开启 Nearby Message

打开 Google Developer Console（https://console.developers.google.com），然后创建一个新应用，或选择一个准备使用的已存在的应用。工程被创建或选中后，单击 API&Auth 菜单，然后单击 API 链接。

如果你在列出来的可用 API 里没有看见 Nearby Message API，在搜索框中输入 **nearby messages**，一个 API 的链接就会出现。单击 API，可以使用 Enable API 按钮来允许应用访问这个 API。

一旦开启 API，你就需要获取 keystore 证书的 SHA1 指纹。这可以通过在命令行或终端使用 keytool 实现。关于准确的指令，请参考前面的章节"开启 API 和鉴权"。

获取 SHA1 指纹之后，单击 Google Developer Console 中 APIs&Auth 菜单下的 Credentials 链接。然后单击 Add Credentials 按钮，从下拉菜单中选择 API Key。

对于显示的选项，你应该选择 Android key，然后给它取名，单击 Add Package Name and Fingerprint 按钮，输入应用的 package 名和 SHA1 指纹，然后单击 Create 按钮。这会处理并生成 API key。

在生成 API 的过程完成之后，需要对应用做一些修改。你需要做的第一件事是添加 Google Play Service 依赖到工程的应用模块。打开 build.gradle 文件，然后加入如下代码到 dependencies 部分：

```
dependencies {
    // 其他文件
    compile 'com.google.android.gms:play-services:7.8.0'
}
```

接下来，需要添加包含你生成的 API key 的 meta-data 元素到应用 manifest XML 文件。这个元素可以加到 <application> 元素里的任何位置。它应该包含一个名字和值属性，类似如下语句：

```
<meta-data
  android:name="com.google.android.nearby.messages.API_KEY"
  android:value="GENERATED_API_KEY_GOES_HERE" />
```

然后，需要配置 GoogleApiClient。这只要求你添加 Nearby Message API。下面是一个使用 builder 模式的例子：

```
myGoogleApiClient = new GoogleApiClient.Builder(this)
    .addApi(Nearby.MESSAGES_API)
    .addConnectionCallbacks(this)
    .addOnConnectionFailedListener(this)
    .build();
```

发送和接收消息

Nearby Messages API 允许通过一个发布者和订阅者模型来传输少量的数据。当一个设备要连接到另一个设备时，它会使用蓝牙或超声波发送少量的数据给附近正在监听的设备作为消息。这使发送者成为发布者，而监听者成为订阅者。当收到令牌时，而后把它们发送给服务器验证。如果验证成功，则建立连接和流程订阅完成。

> **注意**
>
> Nearby Message API 做的事情正如其名字一样。请注意，它不叫 Nearby Video Streaming 或 Nearby Photo Sharing 服务。传输大的媒体文件成本很高，不管是时间成本，还是电池成本，最终都会导致用户不满意。请保持数据量是 3KB 或更少。

如要发布一个消息，则需要创建一个包含 IB 数组的 message 对象，然后使用 Nearby. Messages.publish() 方法传输它。代码如下：

```
message = new Message(myByteArray);
Nearby.Messages.publish(myGoogleApiClient, message)
    .setResultCallback(new ErrorCheckingCallback("publish()"));
```

从这个代码你可以注意到，当你尝试发布时，它会用一个回调函数把错误用 publish() 的一个 String 值传回，以便你知道什么地方不对。使用 ResultCallback 是必需的，因此，你可以知道 broadcast 的成功或失败状态。下面的状态代码可能会被传回帮你确定出错的原因：

- **APP_NOT_OPTED_IN**：用户没有授权使用 Nearby.Messages。
- **BLE_ADVERTISING_UNSUPPORTED**：客户端使用 BLE_ONLY 做了一个请求而设备不支持 BLE。
- **BLE_SCANNING_UNSUPPORTED**：客户端使用 BLE_ONLY 做了一个扫描请求而设备不支持 BLE。
- **BLUETOOTH_OFF**：客户端做了一个需要蓝牙的请求而目前它被关闭了。
- **TOO_MANY_PENDING_REQUESTS**：从应用到 Messages#subscribe 有超过 5 个 PendingIntents 被触发。

如要订阅一个发布者的消息，需要创建一个 MessageListener 的实例，然后使用 Nearby.Mesasges.subscribe()。代码示例如下：

```
@Override
public void onFound(final Message message) {
    // 处理消息负载的逻辑
}
};

Nearby.Messages.subscribe(myGoogleApiClient, messageListener)
    .setResultCallback(new ErrorCheckingCallback("subscribe()"));
```

类似于发布消息，当你订阅消息时，必须要使用一个 ResultCallback。在上面的例子中，它传了一个字符串用来帮助识别错误发生在哪里。这里也可能传回与发布时相同的状态代码。代码清单 15.2 是一个创建客户端、发布和使用 Nearby Message 定制的例子。

代码清单 15.2　在 Activity 中发布和订阅

```java
@Override
protected void onStart() {
    // 如果没有连接，就创建一个 service 的连接
    super.onStart();
    if (!myGoogleApiClient.isConnected()) {
        myGoogleApiClient.connect();
    }
}


@Override
protected void onStop() {
    if (myGoogleApiClient.isConnected()) {
        // 通过使用 unpublish 和 unsubscribe 节省一些电池
        Nearby.Messages.unpublish(myGoogleApiClient, myMessage)
            .setResultCallback(new ErrorCheckingCallback("unpublish()"));
        Nearby.Messages.unsubscribe(myGoogleApiClient, myMessageListener)
            .setResultCallback(new ErrorCheckingCallback("unsubscribe()"));
    }
    myGoogleApiClient.disconnect();
    super.onStop();
}

// GoogleApiClient 连接回调
@Override
public void onConnected(Bundle connectionHint) {
    Nearby.Messages.getPermissionStatus(myGoogleApiClient).setResultCallback(
        new ErrorCheckingCallback("getPermissionStatus", new Runnable() {
            @Override
            public void run() {
                publishAndSubscribe();
            }
        })
    );
}

// 当单击 Nearby 权限对话框中按钮时调用 onActivityResult
```

```
@Override
protected void onActivityResult(int requestCode, int resultCode,
        Intent data) {
  super.onActivityResult(requestCode, resultCode, data);
  if (requestCode == REQUEST_RESOLVE_ERROR) {
    mResolvingError = false;
    if (resultCode == RESULT_OK) {
      // 没错误，或权限问题，以及发两点 / 订阅时间
      publishAndSubscribe();
    } else {
      // 错误或权限拒绝发生，请看错误代码
      showToast("Failed to resolve error with code " + resultCode);
    }
  }
}


private void publishAndSubscribe() {
  // 当 GoogleApiClient 连接时，自动注册附近消息。但是，这个代码在 activity 生命周期可
  // 能执行多于一次，这些使用同一个 MessageListener 的 subscribe() 请求会被忽略

  Nearby.Messages.publish(myGoogleApiClient, myMessage)
    .setResultCallback(new ErrorCheckingCallback("publish()"));
  Nearby.Messages.subscribe(myGoogleApiClient, myMessageListener)
    .setResultCallback(new ErrorCheckingCallback("subscribe()"));
}



// 当错误发生时 ResultCallback 显示一个提示
// 需要时它也显示 Nearby 选择式对话框

private class ErrorCheckingCallback implements ResultCallback<Status> {
  private final String method;
  private final Runnable runOnSuccess;

  private ErrorCheckingCallback(String method) {
    this(method, null);
  }
```

```java
    private ErrorCheckingCallback(String method, @Nullable Runnable
runOnSuccess) {
      this.method = method;
      this.runOnSuccess = runOnSuccess;
    }


    @Override
    public void onResult(@NonNull Status status) {
      if (status.isSuccess()) {
        Log.i(TAG, method + " succeeded.");
        if (runOnSuccess != null) {
          runOnSuccess.run();
        }
      } else {
        // 目前唯一一个可以解决的错误是设备没有选择 Nearby。启动解决会显示一个选择对话框
        if (status.hasResolution()) {
          if (!mResolvingError) {
            try {
              status.startResolutionForResult(MainActivity.this,
                REQUEST_RESOLVE_ERROR);
              mResolvingError = true;
            } catch (IntentSender.SendIntentException e) {
              showToastAndLog(Log.ERROR, method +
                " failed with exception: " + e);
            }
          } else {
            // 这是在初始化时达成的，由于同时 publish 和 subscribe。
            // 它不会给一个提示通知用户，而是记下发生的事情
            Log.i(TAG, method + " failed with status: " + status
              + " while resolving error.");
          }
        } else {
          showToastAndLog(Log.ERROR, method + " failed with : " + status
            + " resolving error: " + mResolvingError);
        }
      }
    }
  }
```

记住：当积极发布或订阅通信时，设备使用的电池电量可能是正常情况的两到三倍。因此，你在应用的 onPause()/onStop() 函数中调用 unpublish() 和 unsubscribe() 非常重要。

另外，还建议你要清楚地告诉用户关于广播是什么数据。因此，他们不会感觉到隐私受到威胁，以及恶意用户可能会拦截他们认为敏感的数据。

总结

在这一章，你学到了 Google Play Service。你了解到如何在应用中创建客户端，以及如何添加需要的依赖。

你也学到了还有一些服务要求在 Google Developer Console 中进行设置。

服务可以单独启用，也可以把所有的服务捆绑到一起。看上去包含所有的服务是一个好主意，但是，你会被告知这会限制使用函数的数目，包括在包含的库中使用的函数。

最后，它给出了一些集成两个 Google Play Service 的例子。你可以看到如何在 Developer Console 中开启 API，并连接到各个服务，而且它还给出了关于如何在应用中开始使用这些服务的一些例子。

16
Android Wear

Android Wear 是在 2014 年 6 月作为改变人们使用移动设备的一种方式引入的。
Google 最初是把这个平台作为用户移动设备的一个扩展公布的，它可以给用户一个弹出
式通知，从而使用户得到通知而不需要离开现在的体验。在这一章，你学到这个通知的设
计和创建，以及 Android Wear 的应用。

Android Wear 基础

Android Wear 是安卓家族非常吸引人的一个扩展。Android Wear 设备在一个修改版的
安卓上运行，它能使用其他安卓设备的许多类、package 和传感器。作为一个开发者，你
应该意识到有很多不同的地方能帮你交付有质量的应用。下面是创建应用时需要认真考虑
的问题列表：

- 穿戴式设备比其他安卓设备的电池要小很多。
- 把传感器放在一个数据收集模式会影响电池寿命。
- 不是所有的穿戴式设备都有同样的像素或像素密度。
- 不是所有的用户都有一个方形或圆的手表。
- 不是所有的穿戴式设备都包含同样的传感器。
- 任务要在 5s 或者更少时间内完成。

这个列表里的每一条都对用户安装、保持或因在 Play Store 的糟糕评级而删掉应用有
很大影响。

> **注意**
>
> 作为一个通用的规则，只要 Google Service 可用，你就应该使用它来最小化传感器数据收集的影响，从而提高电池使用寿命。举个例子，使用 Google Fit API 获取计步器数据时，如果通过判断来自连接的安卓设备（比如手机）数据是否和 Android Wear 一样准确，或者甚至比它更准确，则可以节省电池寿命。

安卓可穿戴式设备的创建是略微有一些不同的，它允许用户选择适合个人风格和使用场景的设备。前面已经列出来了，当你使用时需要考虑很多东西。

为了帮你做更好的应用，可以用 Wearable UI Library 来创建 widget，比如卡片，以及很多实用类，比如 WatchViewStub，帮你调用正确的 layout XML 文件。当使用 Android Studio 创建一个新的 Wear 工程时，Wearable UI Library 默认是包含的，但是如果你是工作于一个旧的工程，或者不使用 Android Studio，可以把下面的代码加到 wear 模块的 gradle.build 文件：

```
dependencies {
    // 其他依赖
    compile 'com.google.android.support:wearable:+'
    compile 'com.google.android.gms:play-services-wearable:+'
}
```

屏幕处理

使 Android Wear 和标准安卓设备不同的地方是设备屏幕。就像其他安卓设备一样，你应该尽量避免使用准确的像素数目。这和不同制造商使用不同像素密度有关，以及不同设备有不同的分辨率。你可以并且也应该使用 DP 值，因为这会使用一个计算的测量方法来正确缩放。

穿戴式设备和安卓设备的另一个区别是穿戴式设备以两种基本形式可见：圆形和方形。知道这个后，你可以给应用创建两个 layout。当然，创建两个单独的 layout 不是必需的。但是，用户体验可能会不太理想，因为方形的 layout 在一个圆形手表上查看时可能会被裁剪。这种潜在的问题可以通过使用 WatchViewStub 或 BoxInsetLayout 来缓解。

WatchViewStub 类检测手表形状而且 inflate 正确的 layout。这个类在执行时自动调用，能基于你的主 activity 的 layout XML 里的属性和值来 inflate 正确的 layout。下面是一段 XML 的代码，它会基于设备的屏幕形状来 inflate 不同的 layout：

```
<android.support.wearable.view.WatchViewStub
  xmlns:android="http://schemas.android.com/apk/res/android"
  xmlns:app="http://schemas.android.com/apk/res-auto"
  xmlns:tools="http://schemas.android.com/tools"
  android:id="@+id/watch_view_stub"
  android:layout_width="match_parent"
  android:layout_height="match_parent"
  app:rectLayout="@layout/activity_wear_rect"
  app:roundLayout="@layout/activity_wear_round">
</android.support.wearable.view.WatchViewStub>
```

这段代码使用了两个属性，它包含的值可以帮助应用找到和 inflate 正确的 layout XML 文件。第一个属性是 app:rectLayout，它包含 @layout/activity_wear_rect 的值。这意味着当屏幕被认定是正方形或长方形时，UI layout 会使用 res/layout/activity_wear_rect.xml。

类似的，app:roundLayout 属性值包含 @layout/activity_wear_round 的值，对于圆形界面的穿戴式设备会使用 res/layout/activity_wear_round.xml 作为 UI 的 layout。

使用这个特殊方法的一个缺点是在 layout 被 inflate 出来前不能直接访问 App 的 view。这可以通过在对象 WatchViewStub 上使用 setOnLayoutInflatedListener() 来创建一个监听器解决，它会在检测到 inflate 完成时执行代码。下面的代码演示了如何在 activity 的 onCreate() 函数中实现这一点：

```
@Override
protected void onCreate(Bundle savedInstanceState) {
    super.onCreate(savedInstanceState);
    setContentView(R.layout.activity_wear);

    WatchViewStub stub = (WatchViewStub) findViewById(R.id.watch_view_stub);
    stub.setOnLayoutInflatedListener(new WatchViewStub.OnLayoutInflatedListener() {
        @Override public void onLayoutInflated(WatchViewStub stub) {
            // 这个 view 已经被 inflate，而且现在可以使用
```

```
        TextView tv = (TextView) stub.findViewById(R.id.text);
        // 其余代码
    }
});
}
```

如果担心维护两个 layout 会增加复杂度，可以使用一个利用 BoxInsetLayout 的单独 layout。也请注意，在 Android Studio 中开始一个新的 Wear Project 会创建一个默认的包含这个 layout 元素的 layout。

BoxInsetLayout 类扩展自 FrameLayout，它把主 layout 区域放在屏幕外形的可见区域内部。我们添加了 Gravity 来处理包含的 layout widget 的摆放。示例代码如下：

```
<android.support.wearable.view.BoxInsetLayout
  xmlns:android="http://schemas.android.com/apk/res/android"
  xmlns:app="http://schemas.android.com/apk/res-auto"
  android:background="@drawable/wear_background"
  android:layout_height="match_parent"
  android:layout_width="match_parent"
  android:padding="15dp">

  <FrameLayout
    android:layout_width="match_parent"
    android:layout_height="match_parent"
    android:padding="5dp"
    app:layout_box="all">

    <TextView
      android:gravity="center"
      android:layout_height="wrap_content"
      android:layout_width="match_parent"
      android:text="@string/hello_text"
      android:textColor="@color/black" />

    <ImageButton
      android:background="@null"
      android:layout_gravity="bottom|left"
      android:layout_height="50dp"
      android:layout_width="50dp"
```

```
      android:src="@drawable/btn_left" />

    <ImageButton
      android:background="@null"
      android:layout_gravity="bottom|right"
      android:layout_height="50dp"
      android:layout_width="50dp"
      android:src="@drawable/btn_right" />
  </FrameLayout>
</android.support.wearable.view.BoxInsetLayout>
```

在这段代码中，为了使它们在屏幕上正确地对齐，我们在 TextView 和 ImageButton 上设置了 gravity。你也应该注意到值是设置为 dp 的，目的是允许它们基于渲染 layout 设备的像素密度来缩放。

为了帮助可视化处理应用的 layout，Google 提供了一个 UI 工具包，它可以以 PDF 或 Adobe Illustrator 格式从 https://developer.android.com/design/downloads/index.html 下载。请注意，这里也有其他的设计指导，因此请查找 Wear 部分。

这些设计资源对制作有质量的因而适合 Android Wear 内置风格的应用是很重要的。它们也提供了用于按钮、图片、文本，甚至是卡片放置和填充的 layout 规范。

调试

就像你创建一个安卓应用一样，能够执行、测试和调试你的穿戴式应用也是很重要的。有两种方式来做这个，你可以使用一个实际的穿戴式设备或模拟器。

连接模拟器

当开发穿戴式应用时，有物理设备的开发者一直都有优势。这是因为他们能更好地访问设备功能、可在现实世界中使用和额外的传感器数据。但是，没有设备并不意味着你就从开发穿戴式应用的世界里被排除了。我们提供了方形和圆形设备的模拟器。

如要创建一个穿戴式模拟器，需要打开 AVD Manager。如果正在使用 Android Studio，你也可以有快捷方式，或单击 Tools、Android 和 AVD Manager。

当 AVD Manager 打开时，单击 Create Virtual Device；然后从出现的窗口选择大小、

形状、分辨率和你想模拟的像素密度。默认情况下，有一些硬件 profile 可供选择。你也可以选择单击 New Hardware Profile 按钮来创建自己的。

一旦创建了 profile，或者选择了一个已存在的 profile，单击 Next 按钮。下一个窗口是让你选择想安装在模拟穿戴式设备上的安卓版本。

> **注意**
>
> 如果找不到你认为应该有的版本，单击 Cancel 按钮，关闭 AVD Manager 窗口。然后，打开 SDK Manager，确认已经更新到最新，而且已选择想要的 Android Wear 对于版本的 SDK 文件。

在选择安卓版本之后，单击 Next 按钮，你可以看到一个汇总窗口，该窗口允许做最后的修改和审查模拟器的选项。如果你对结果满意，可以单击 Finish 按钮来创建穿戴式模拟器。

一旦创建之后，启动一个穿戴式模拟器和启动安卓模拟器是一样的。你可以选择从 Android Studio 运行一个穿戴式应用和选择穿戴式模拟器设备作为 target，或通过单击 Play 按钮从 AVD Manager 启动设备。

这时候，你就有一个模拟器来运行应用。但是，它将不会提供全部的功能，直到你把这个模拟器和安卓设备配对。如要做到这一点，需要从 Google Play Store 安装安卓穿戴式应用到安装设备。

接下来，你应该通过 USB 把你的设备连接到电脑。请注意，你的安卓设备必须通过开启 Developer Mode 来打开调试功能。一旦连上之后，就应该把模拟器的通信端口转发给安卓设备。这个命名每次把安卓设备连接到电脑时都要执行；它可以通过在命令行或终端里执行如下的 adb 命令：

```
adb -d forward tcp:5601 tcp:5601
```

然后，需要在安卓设备上打开安卓穿戴式应用，并把它连接到模拟器。这可以通过选择与一个新的手表配对，然后使用右上角的菜单来选择 Pair with Emulator。

当你连上之后，就可以单击安卓穿戴式应用右上角的菜单图标，而后选择 Try Out Watch Notification。请注意，这个菜单的文本可能会改变，但是有一个选项用来查看或测试 notification。如要确认模拟器和设备在工作，可以尝试发送一个 notification 给模拟器。如果都设置正确，你应该可以在模拟器中看见这个 notification。图 16.1 是一个在穿戴式模拟器上测试 notification 的截图。

图 16.1　从连接的手机发送一个测试 notification 到模拟器

连接穿戴式设备

调试一个可穿戴式设备的第一步是在设备上通过 Developer Options 来开启调试功能。这个菜单最开始是隐藏的，但是，你可以通过进入设备的 Setting 而后打开 About 选项来启动它。这里显示了设备的信息。与你在安卓平板和手机上解锁 Developer Option 的方式类似，你需要单击 Build Number 7 次。然后就可以清除 About 屏幕，而且看见一个在 About 下名叫 Developer Options 的新菜单。

你可以把 Debug over Bluetooth 设置成 true。如果它是灰色的，则首先需要开启 ADB Debugging，然后才是打开 Debug over Bluetooth。

类似于穿戴式模拟器，为了完成调试设置，你需要一个通过 USB 连接到你电脑的已经打开调试功能的安卓设备。差别是不用首先在安卓穿戴式应用里通过蓝牙来开启调试，然后使用 adb 命令做一个端口的转发，打开安卓穿戴式应用，而后单击左上角的齿轮图标来打开设置菜单。

在设置界面时，你需要滚动到底部，然后在 Debugging over Bluetooth 部分选择你的穿戴式设备作为 Device to Debug 条目，以及为 Debugging over Bluetooth 条目开启滑动条。如果穿戴式设备配置成蓝牙调试，这部分文本应该改成"Host：disconnected"和"Target：connected"。

如要连到 host，需要在 USB 连接的且开启 USB 调试功能的安卓设备上执行下面的

adb 命令：

```
adb forward tcp:4444 localabstract:/adb-hub
adb connect localhost:4444
```

当执行第二个命令时，在 Debugging over Bluetooth 部分的文本应该是显示为 "Host：connected"。图 16.2 显示了连接到一个开启蓝牙调试和连接的 Moto 360 安卓可穿戴式设备的安卓设备的设置窗口。

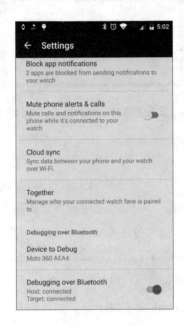

图 16.2　选择穿戴式设备后，蓝牙调试被开启，并连接穿戴式设备和安卓设备

请注意，一旦设备连上之后，就需要从电脑来调试可穿戴式设备。你的可穿戴式设备的屏幕会变为让你选择允许调试、取消调试或信任目前连接的设备。选择信任连接的设备允许你连接时跳过这个对话框。但是，你添加一个永久性连接时还是要非常小心。

与安卓可穿戴式设备通信

现在你连上了，而且可以从模拟器或设备来调试应用，你需要开始在你的穿戴式设备和配对的安卓设备之间发送信息。为了尽可能提供最好的体验，你需要包含安卓支持库、Google Play Service 和 Wearable UI 支持库。这些依赖应该要加到应用模块的 build.gralde 文件。

注意

　　如果你使用 `GoogleApiClient` 创建一个 client，而后用其他的 API 添加穿戴式 API，在没有安卓穿戴式应用安装的设备上，你可能会遇到客户端连接错误。你可以使用 `addApiIfAvailable()` 函数和传输穿戴式 API 来避免这些错误，这样你的客户端就可以非常优美地处理缺失的 API。

　　Notification、action 和数据可以在穿戴式设备和安卓设备之间来回传递。大部分的这些事情是由 Google Play Service 来处理的，而且也要求在安卓设备上安装安卓穿戴式应用。接下来我们看一下如何显示信息和如何在设备之间传输数据。

Notification

　　默认情况下，notification 是自动传到穿戴式设备的。很多场合下，这是使用穿戴式设备的主要原因，因为它允许用户快速接收可能会错过的 notification，或因使用手机时会被打扰。但是，使穿戴式设备的 notification 真正不同的是它们可以定制绑定的 action。

　　标准的 notification 需要使用 `NotificationCompat.Builder` 来创建。下列代码演示了创建一个 notification，然后通过 `NotificationManager` 使用一个 `Intent` 发送出去：

```
int notificationId = 007;
Intent viewIntent = new Intent(this, ViewEventActivity.class);
viewIntent.putExtra(EXTRA_EVENT_ID, eventId);
PendingIntent viewPendingIntent =
    PendingIntent.getActivity(this, 0, viewIntent, 0);

// 使用支持库创建 notification
NotificationCompat.Builder notificationBuilder =
    new NotificationCompat.Builder(this)
    .setSmallIcon(R.drawable.ic_event)
    .setContentTitle(eventTitle)
    .setContentText(eventLocation)
    .setContentIntent(viewPendingIntent);

// 创建 NotificationManager service 的实例
NotificationManagerCompat notificationManager =
    NotificationManagerCompat.from(this);

// 使用 notify() 来创建 notification 并发送
```

```
notificationManager.notify(notificationId, notificationBuilder.build());
```

当这个 notification 出现在穿戴式设备上时，通过把 notification 滑到左边，然后单击 Open 按钮来触发指定的 PendingIntent，就会打开创建 notification 时添加的 setContentIntent() 里用的 PendingIntent。但是，它并不在穿戴式设备上打开 notification，而是在手持设备上打开。

就像标准的设备 notification，你可以使用 addAction() 来给 NotificationBuilder 指定另一个 action。AddAction() 方法允许你设置图标（drawable），描述（String）和单击时启动的 Intent。添加到之前的例子中，notificationBuilder 包含如下代码：

```
// 使用 addAction() 来添加
NotificationCompat.Builder notificationBuilder =
    new NotificationCompat.Builder(this)
    .setSmallIcon(R.drawable.ic_event)
    .setContentTitle(eventTitle)
    .setContentText(eventLocation)
    .setContentIntent(viewPendingIntent);
    .addAction(R.drawable.ic_menu_share,
        getString(R.string.share), sharePendingIntent);
```

如果你有一个只想在穿戴式设备上可见的 action，则需要创建一个 Intent 和一个使用的 action，然后使用 extend() 函数，以及通过 addAction() 函数把捆绑到它的 action 使用 WearableExtender 传过去。示例代码如下：

```
// 为回复 action 而创建 intent
Intent actionIntent = new Intent(this, ActionActivity.class);
PendingIntent actionPendingIntent =
    PendingIntent.getActivity(this, 0, actionIntent,
        PendingIntent.FLAG_UPDATE_CURRENT);

// 创建通过单击触发的 action
NotificationCompat.Action action =
    new NotificationCompat.Action.Builder(R.drawable.ic_action,
        getString(R.string.label), actionPendingIntent)
    .build();

// 创建 notification，绑定 action 并生成 action
Notification notification =
```

```
new NotificationCompat.Builder(mContext)
.setSmallIcon(R.drawable.ic_message)
.setContentTitle(getString(R.string.title))
.setContentText(getString(R.string.content))
.extend(new WearableExtender().addAction(action))
.build();
```

```
// 通过 NotificationManagerCompat发送 notifications
```

这段代码完成了 notification 对象的创建，因此，当你调用 notify() 函数显示
notification 时不需要做这个。使用这段代码后，就会创建一个只出现在穿戴式设备上的
action，它在连接时不会出现在手机或其他设备上。

发送数据

为了优化设备之间发送信息处理的流程，Wearable Data Layer API 专门为穿戴式设备
提供了几个组件。下面是这些对象和服务 API 的列表：

- **DataItem**：存储在手持设备和穿戴式设备之间需要同步的数据的对象。
- **Asset**：存储二进制 blob 数据的对象，会被自动缓存用以提高蓝牙性能。
- **DataListener**：用以判断什么时候数据层事件在前台。请注意，它只有当你的
  应用在前台时才工作。
- **WearableListenerService**：当不在前台工作时，WearableListenerService
  应该被扩展，并允许系统控制生命周期和数据绑定。
- **ChannelApi**：这个 API 是用来传输大文件的，比如电源、音乐和其他媒体文件。
  使用 ChannelApi 允许你传输文件而不用首先创建 container 而后同步数据。
- **MessageApi**：少量负载消息使用 MessageApi，比如媒体播放器命令、单向指令。

像其他 Google Play Service 一样，你需要创建一个 client 来访问 Wearable Data Layer。
下面是创建和连接 client 需要的最少代码：

```
GoogleApiClient myGoogleApiClient = new GoogleApiClient.Builder(this)
    .addConnectionCallbacks(new ConnectionCallbacks() {
      @Override
      public void onConnected(Bundle connectionHint) {
        Log.d(TAG, "onConnected: " + connectionHint);
```

```
        // 数据层准备好可以使用
    }
    @Override
    public void onConnectionSuspended(int cause) {
        // 记录下连接暂停的原因
        Log.d(TAG, "onConnectionSuspended: " + cause);
    }
}).addOnConnectionFailedListener(new OnConnectionFailedListener() {
    @Override
    public void onConnectionFailed(ConnectionResult result) {
        // 记录下连接失败的原因
        Log.d(TAG, "onConnectionFailed: " + result);
    }
}).addApi(Wearable.API).build();
```

构建 client 的流程是使用 builder 模式来创建 client，并包含 onConnected()、onConnectionSuspended() 和 onConnectionFailed() 函数。根据想要应用工作的方式和计划传递的消息信息类型，你需要把代码插入到 onConnected() 函数中注释 Data Layer ready for use 所在的地方。

当使用 MessageApi 发送消息时，你可以在穿戴式设备和连接的设备之间选择一个特定的节点或可用的连接，或者可以给它们所有的都发送广播。指定节点创建了一个更精简的服务，但是它要求额外实现处理不同节点之间的转换（比如蓝牙、Wi-Fi 开启和关闭）。

下面的代码演示了如何找到所有的可用节点，然后使用 String 的 HashSet 来返回以供发送消息用：

```
private Collection<String> getNodes() {
    HashSet<String> results = new HashSet<String>();
    NodeApi.GetConnectedNodesResult nodes =
        Wearable.NodeApi.getConnectedNodes(myGoogleApiClient).await();
    for (Node node : nodes.getNodes()) {
        results.add(node.getId());
    }
    return results;
}
```

如要查看关于发送、接收，以及如何处理安卓穿戴式平台的更全的例子，请参考官方示例代码 https://github.com/googlesamples/android-FindMyPhone/ 。

总结

在这一章，你学到了安卓穿戴式平台和什么时候引入安卓穿戴式设备。本章介绍了 Google 创建穿戴式设备这个理念的由来，以及它和安卓设备的相似性、穿戴式设备不同的形状和大小，包括手表形状。如何给不同形状的设备提供不同的 layout 文件，以及如何使用 BoxInsetLayout 来使 layout 可以在不同形状的手表上自动缩放。

我们还讲了如何使用 AVD Manager 来为安卓穿戴式设备创建模拟器，以及如何连接到模拟器和开启调试，以便处理来自实际安卓设备的数据。还有如何通过穿戴式设备上的 Developer Options 来开启蓝牙调试。

最后讲了为穿戴式设备扩展 Notification，以及如何定制只出现在穿戴式设备上的消息。然后简要介绍了在连接的设备和穿戴式设备之间同步和发送数据使用的 API 和对象。

17

Google Analytics

由于移动设备市场的开发者越来越多，分析和制定一个成功的应用的计划显得比以往更重要。在以前，测试和调整应用大部分都依赖于用户的直接反馈、专题小组和用户评审。作为开发者工具集的一部分，你可以集成 Google Analytics，并找出你的应用在哪里出了问题以及用户在哪里挣扎。

添加 Google Analytics

Google Analytics 是由 Google 提供并可以在多个平台工作的一个服务。Web 开发者使用 Google Analytics 来监控用户的访问和购买。现在，使用安卓或 iOS 的移动开发者可以在他们的应用里充分利用 Google Analytics。

在进入这个流程之前，首先需要为你的应用开启 Google Service。这可以通过访问 https://developers.google.com/mobile/add 和使用向导来生成你的配置文件。

如果你还没有把应用加到 Google Developer Console，则可以使用这个向导来创建一个新应用，并为应用指定安装 package 名。当使用向导时，你也会被问是选择还是创建一个新分析账号来记录和汇报数据。当你完成选择一个账号或创建时，确保生成配置文件。这将会下载一个叫 google-services.json 的文件到你的电脑。

当生成和下载文件之后，需要把它移到或复制到安卓工程的 app 目录。因为你安装的 Android Studio 和工程目录可能会变化，需要定位 /app 目录并把 google-services.json 文件放入其中。

一旦复制了配置文件，就需要编辑工程的顶层 build.gradle 文件。你要添加如下依赖：

```
classpath 'com.google.gms:google-services:1.4.0-beta3'
```

请注意这个版本目前是这样写的，你需要更新到最新版本以使用新特性和功能。你也需要在应用模块的 build.gradle 中添加一些内容，它包含如下几行代码：

```
// 其他插件
apply plugin: 'com.google.gms.google-services'

dependencies {
    // 其他依赖
    compile 'com.google.android.gms:play-services-analytics:8.1.0'
}
```

现在你的编译已经配置好了，接下来需要对 AndroidManifest.xml 做一些修改。因为 Google Analytics 是一个在线服务，因而你需要发送数据，需要把 INTERNET 和 ACCESS_NETWORK_STATE 权限加到 AndroidManifest.xml 中。下面是一个添加所需条目的代码片段：

```
<manifest xmlns:android="http://schemas.android.com/apk/res/android"
    package="com.example.analytics">

  <uses-permission android:name="android.permission.INTERNET"/>
   <uses-permission android:name="android.permission.ACCESS_NETWORK_
STATE"/>

  <application android:name="AnalyticsApplication">

    <!-- The rest of your application manifest -->

  </application>
</manifest>
```

With the configuration in place, Google recommends that you subclass Application to set up your tracking information. The following code snippet shows the code that Google recommends implementing:/*
* Copyright Google Inc. All Rights Reserved.
*
* Licensed under the Apache License, Version 2.0 (the "License");
* you may not use this file except in compliance with the License.
* You may obtain a copy of the License at
*
*   http://www.apache.org/licenses/LICENSE-2.0

```
 *
 * Unless required by applicable law or agreed to in writing, software
 * distributed under the License is distributed on an "AS IS" BASIS,
 * WITHOUT WARRANTIES OR CONDITIONS OF ANY KIND, either express or
implied.
 * See the License for the specific language governing permissions and
 * limitations under the License.
 */

package com.google.samples.quickstart.analytics;

import android.app.Application;

import com.google.android.gms.analytics.GoogleAnalytics;
import com.google.android.gms.analytics.Logger;
import com.google.android.gms.analytics.Tracker;

/**
 * 这是一个 Application 的子类，它可用来给应用提供共享对象，如 Tracker.
 */
public class AnalyticsApplication extends Application {
  private Tracker mTracker;

  /**
   * 获取应用 Application 默认的 Tracker.
   * 返回 tracker
   */
  synchronized public Tracker getDefaultTracker() {
    if (mTracker == null) {
      GoogleAnalytics analytics = GoogleAnalytics.getInstance(this);
      // 开启调试 log 使用: adb shell setprop log.tag.GAv4 DEBUG
      mTracker = analytics.newTracker(R.xml.global_tracker);
    }
    return mTracker;
  }
}
```

现在你可以通过把下面的代码加到合适的函数里来得到跟踪器的实例和在 Activity 中

开始跟踪。

```
@Override
protected void onCreate(Bundle savedInstanceState) {
  super.onCreate(savedInstanceState);
  setContentView(R.layout.activity_main);

  // 创建共享的 Tracker
   AnalyticsApplication application = (AnalyticsApplication)
getApplication();
  mTracker = application.getDefaultTracker();
}

@Override
public void onResume() {
  super.onResume();  // 总是先调用父类的函数

  // 添加 log 以确保 GA 被调用
  Log.i(TAG, "Setting screen name: " + name);
  mTracker.setScreenName("Image~" + name);
  // 发送 hit 到 GA
  mTracker.send(new HitBuilders.ScreenViewBuilder().build());
}
```

注意，可以不用 onResume() 函数，而使用另一个 Activity 或 ViewPager。对于任何你想要跟踪信息的 View、Fragment 或 Activity，都需要添加跟踪代码，以及通过使用 HitBuilder 类来发送 Hit。

你可以在 GitHub 上找到一个 demo 的应用，它的配置略微有点不同，但是对于一个安卓项目而言是添加 Google Analytics 到应用的非常好的起点。可以在 https://github.com/googleanalytics/hello-world-android-app 找到它的相关代码。

Google Analytics 基础

Web 开发者使用 Google Analytics 服务已经有几年了。它可以帮助他们搞市场营销活动，测试网页的不同版本，而最重要的是找出他们网上提供的东西的差距在哪里。

作为一个应用开发者，能够判定用户在哪里很困扰，甚至看到他们花在你应用的某一个界面的时间数量可以帮你创建和调整应用使它能被更多的人使用和分享。

默认情况下，集成一个应用时，Google Analytics 提供了以下信息：

- 用户和会话数量
- 会话持续时间
- 操作系统信息
- 设备模型
- 地理位置

除了包含的统计功能，你可以使用和创建如下内容来增强应用分析：

- 事件
- 目标
- 电子商务
- 定制时序
- 定制维度
- 定制度量

这些额外的功能能让你更深入地观察应用，而且它们可以一起工作来最大程度地帮你有效地使用应用。让我们仔细看一下每个功能是什么以及如何使用它们。

事件

事件是用户执行的可以被量化的行动或目标。例如，你可以创建一个事件来跟踪用户单击 Help 按钮有多少次，或者甚至是应用的 Support 部分被看了多少次。

事件由四个组件组成：

- category
- action
- label（可选）
- value（可选）

category 是你可以加到 action 的定制名字或组织的群组。因为你可能需要跟踪不止一个 action，你会发现把 action 分组能帮你处理返回的数据。在你决定具体的 category 名字之前，很重要的一点是要计划好如何上报数据。如果你使用一个非常通用的 category，比如 Vist 或 View，最后可能会发现很多信息没法量化成一个特定的页面。实际上，如果你想抓取这些特定的事件，Visit-Help 和 View-High Score 可能会是一个更好的 category 名字。如果你的应用是一个游戏，则可以考虑使用玩家的级别作为 category 名字。

action 和 category 是分开的，但是它仍然是事件的一部分。action 的取名可以基于用户正在做什么，或他们发起了或完成了什么任务。例如，你可以把 action 取名为 abandonment、paused 或 saving。请注意，因为 action 和 category 是分开的，在两个 category 不同的事件调用里，你可以使用名字相同的 action。这种灵活性允许你在两个不同的 category 里使用同一个 action，也允许在一个 category 里有唯一的 action。

Label 是可选的组件，它可以用于你想用 category 和 action 来跟踪额外信息。Label 可用于传递系统信息、下载信息，或甚至事件发生时创建一个注释。

Value 也是一个可选组件，不像其他组件，它是一个正整数。这个值可以捆绑到任何你想要的整数上。例如，你可以把它当作计数值或渲染值使用，甚至是用户在某一个界面、view 或级别的时间长度。

下面是在游戏里跟踪一个事件的代码片段：

```
// 跟踪硬币收集的事件
mTracker.send(new HitBuilders.EventBuilder()
  .setCategory("Brackety Bricks")
  .setAction("Collect")
  .setLabel("coin")
  .setValue(1)
  .build());
```

目标

目标用来判断应用的目的是否已经达到。目标是你自己定义的，而且可能包含页面访问、购买，甚至是收集用户信息。目标和转化紧密相关，它是目标完成的期限。

目标分为以下类型：

- **目的地**：一个用户加载或访问了一个特定的位置。
- **持续时间**：一个用户在某个会话花的最小时间数量。
- **每个会话的页面 / 界面**：一个用户访问或查看某个特定数目的页面 / 界面。

- **事件**：某个特定事件被触发。

目标也可以跟踪用户如何实现目的漏斗。漏斗可以显示用户流量的形状，以及通过一个站点和应用。开始的时候，所用的用户都是在漏斗的顶部，然后，当它们没能达成某一个特定的目标时，它们就被过滤掉了。这留给你的是一个比较小的样本，不仅给你的报告一个漏斗形状，还显示了交通是如何通过转化成目标实现而汇集的。

如想得到更多关于如何在 Google Analytics 里使用定制漏斗的信息，请访问 https://support.google.com/analytics/answer/6180923?hl=en 。

当你工作于电子商务或货币目标时，则可以指定一个美元金额。这在做预测或工作于商务计划时很有用。生成的报告包含每个目标指定的数量，并给你一个评估，是关于你的进展是否正常因而能达到财务目标，或需要调整应用或目标。

仔细考虑如何创建目标，因为你只分配了总共 20 个目标。但如果你创建的目标彼此是相关的，则可以创建包含 5 个目标的目标集。一旦你创建了目标，就不能删除它。但是，你可以赋予它新的用途。请记住，因为你在修改一个存在的目标，它可能会使你执行的报告令人困惑，因为它会使新的目标出现在过去，以及在新的环境下数目可能不合理。

电子商务

增强电子商务允许你跟踪印象、促销、结账流程、退款、交易和其他采购相关的活动。电子商务和目标与事件关系紧密，因为如要汇报电子商务数据，你必须使用存在的 hit 来发送它。

如要在你的应用中跟踪一个产品采购，首先必须创建一个产品，并给它指定一个名字和价格。然后，可以创建一个 ProductAction，并指定一个交易 ID。根据这些，你可以创建跟踪事件并把它发给 Google Analytics。代码示例如下：

```
// 创建 product
Product product = new Product()
  .setName("Rocket Fuel")
  .setPrice(10.00);

// 设置 ProductAction
ProductAction productAction = new ProductAction(ProductAction.ACTION_
PURCHASE)
  .setTransactionId("T01701");
```

```
// 添加 transaction 到一个事件
HitBuilders.EventBuilder builder = new HitBuilders.EventBuilder()
    .setCategory("In-Game Store")
    .setAction("Purchase")
    .addProduct(product)
    .setProductAction(productAction);

// 发送带有事件的 transaction 数据
mTracker.send(builder.build());
```

定制时序

当你想测量在应用里完成某一个特定任务花费的时间时，可以使用一个定制时序。定制时序和事件是以类似的方式创建的，但是，定制时序不同的地方是它是基于时间的。

下面的例子展示了如何创建一个定制时序来记录用户花了多长时间完成游戏里的一个任务。

```
// 创建并发送定制时序
mTracker.send(new HitBuilders.TimingBuilder()
    .setCategory("Brackety Bricks")
    .setValue(42000)  // 42s
    .setVariable("First Stage")
    .setLabel("Race")
    .build());
```

类似于创建一个事件，你可用一个 category、value 和 label。不同的是不是用 action，而是使用一个变量。它使用整数值组件来发送时序信息。

定制维度

定制维度允许你创建报告来以某一种特定形状、属性，或匹配的元数据集跟踪用户。这可以用来判断一个玩家的技能级别，即大部分玩家选择的难度级别，或者甚至是大多数玩家玩你的游戏所用的设备类型。

创建一个定制维度要求在 Google Analytics 网页内部做一些设置。请注意，与处理目标类似，你只有 20 个可用位置来创建定制维度。

下面的例子展示了添加数据来显示 Brackety Bricks 级别里目前选择的技能级别。

```
// 设置一个定制维度来跟踪级别和难度
mTracker.setScreen("BracketyBricks");
mTracker.send(new HitBuilders.ScreenViewBuilder()
  .setCustomDimension(3, "Brackety Bricks")
  .build()
);
```

定制度量

定制度量和定制维度类似，它们都允许使不同的范围。当你需要创建一个报告，但如果不创建多余的错误的数据，包含难以在其他地方记录的数据时，最好用定制度量。

创建一个定制度量是在 Admin 设置内部做的，它位于 Property 部分，而且是作为一个选项列在 Google Analytics 网页界面的 Custom Definitions 的。一个定制度量要求包括下面几个部分：

- 名字

- 给 Hit 或 Product 设置的范围

- Integer、Currency 或 Time 的格式类型

作为一个选项，你可以选择设置一个最小值，以及定制度量的最大值。

下面的代码展示了在把 Brackety Bricks 级别作为定制维度过程中上报一个界面到提示界面的例子：

```
mTracker.setScreen("BracketyBricks");
mTracker.send(new HitBuilders.ScreenViewBuilder()
  .setCustomMetric(1, "Hint Page")
  .build()
);
```

总结

在这一章，你学到了如何在安卓项目中添加 Google Analytics。Google Analytics 有一些功能可以用来帮你更好地理解应用，以及用户如何使用你的应用。

你还了解到通过事件来跟踪用户交互。我们介绍了如何创建事件在应用里来跟踪特定

的任务或目标。

你也学到了关于目标，以及它是如何与事件和电子商务跟踪一起工作用来创建漏斗报告的。漏斗是很重要的，因为它允许你调整应用来满足用户的需要，并提升你的收入流。另外，你只能创建 20 个目标，它们可以重用，但是不能删除。

你还会学到电子商务跟踪，以及如何与其他事件一起发送数据。使用电子商务来创建产品，跟踪产品的交易和销售。

还有通过 Google Analytics 来使用定制时序。定制时序和事件类似，但是，它传的值是用来跟踪用户完成一个目标花费的时间长度，而不是作为一个计数器或其他数值。

接着是定制维度。定制维度要有一些额外的设置，但是允许你跟踪定制值，比如某一个特定级别选择的技能或难度设置。类似于目标，你总共只能有 20 个定制维度，但它们在需要的时候可以重用。

最后，你了解到定制度量，它在上报数据方面和定制维度是类似的。还有使用定制度量的需求，以及如何实现代码来把度量数据上报给 Google Analytics。

18
优化

创建一个均衡的应用超越了创建网络连接、添加数据存储，以及使用令人惊讶的视觉效果。一个精心设计的应用考虑了设备的限制，并使用不同的技术去最大化终端用户的体验。在这一章，你会学到扩展 Application 类，为应用创建定制 log，基于应用的版本改变配置和管理设备内存。

应用优化

当你创建应用时，可能花了相当多的时间考虑这个非常重要的 onCreate() 函数，添加正确数量的单元测试，并使用 Log 类来调整应用中使用的期望对象和值。这些都是创建一个可靠的高性能应用的重要步骤。但是，这些步骤中的每一个都可以修改以帮你更好地控制应用，并增强提供给用户的体验。

当要考虑应用的整体架构时，每个优化的数量和你从应用中挤出来的每一点性能都会创造不同。下面是一些建议和小技巧，它们能帮你创建执行更简练和长久的应用。

应用首次启动

回顾安卓里 Activity 的生命周期时，你学到的第一件事情是 onCreate() 函数中的代码总是首先执行的。当直接说你应用的生命周期时，这一点是对的。但是，任何 ContentProviders 将会执行它们的 onCreate() 函数，而且任何在它中的代码会在 Activity 的 onCreate() 之前初始化和执行。

有一步可以加在 ContentProvider.onCreate() 和应用的 onCreate() 之间。这通过扩展 Application 对象来实现。语句如下：

```
package mypackage;
public class MyApplication extends Application {
   // 定制子类

   public void onCreate() {
      // 这个 onCreate() 会在其他之前返回
   }
}
```

为了使用这个子类，你需要把它加到应用 manifest 里。这通过在 <application> 元素里设置 android:name 属性来实现。你也可以列出你的 Activity，以及需要的 service 和应用需要的 receiver。代码如下：

```
<?xml version="1.0" encoding="utf-8"?>
<manifest
    xmlns:android="http://schemas.android.com/apk/res/android"
    package="mypackage.MyApplication">
  <application
    android:name="mypackage.MyApplication"
    android:allowBackup="true"
    android:icon="@drawable/ic_launcher"
    android:label="@string/app_name"
    android:theme="@style/AppTheme">

      <activity android:name="MyActivity"> <intent-filter>

        <action android:name="android.intent.action.MAIN" /> </intent-filter>
    </activity>

      <!-- services、receivers 等余下的部分 -->

  </application>
</manifest>
```

粗略一看，使用这种应用设置看上去没有太大的改进。但是，通过在应用里使用它，你可以执行如下任务：

- 初始化 SDK 和应用需要的库。

- 注册应用使用的动态 broadcast receiver。

- 创建和管理应用需要的 service。

- 管理应用的实际开始点，因为它首先被调用，因而是绝对入口点。

大部分这些好处可以在一个常规的 Activity 里实现；但是，一个标准的应用可能会以多种方式被调用。可能是通过一个 service、一个显式或隐式 Intent，或其他 broadcast receiver。控制实际流程以帮助你管理状态的能力对于确保应用在任何时候被使用时都能正确响应有好处。

注意

> 执行一些库的初始化和做设置工作可以帮你的应用启动，并工作快一些。但是，你不应该在 Application.onCreate() 内部做任何阻塞性工程（比如创建网络连接）。添加阻塞的内容会导致应用 ANR 或者启动时立刻崩溃，因此被认为应用是无用的。

应用日志

当你在扩展应用时，可能需要实现不同形式的日志。Log 类帮你在应用中抛出特定的日志信息。在 App 中日志的最大问题之一是单元测试。当在本地单元测试中使用时，Log 类倾向于抛出 RuntimeException。另一个问题是如果你正在创建给其他安卓工程使用的库，则必须确保删掉 log 信息，或其他人执行他们自己的单元测试时会遇到的同样错误和异常。

如要解决这种潜在的问题，可以扩展 Handler 类来实现一个子类，从而把你定制的信息路由到 LogCat 和应用启动时注册它去执行。然后你可以创建一个方法来获取 Handler，设置 log 级别，并显示信息到 LogCat。下面的例子展示了函数可以从主 Activity 的 onCreate() 函数里调用。

```
private void initLogging() {
    // 设置 package 名字
    final String pkg = getClass().getPackage().getName();
    // 设置 package 的 handler
    final AndroidLogHandler alh = new AndroidLogHandler(pkg);
    // 创建 logger
    Logger logger = Logger.getLogger(pkg);
    logger.addHandler(alh);
    logger.setUseParentHandlers(false);
```

```
    // 设置默认的日志级别
    logger.setLevel(Level.FINEST);
     logger.info("Logging initialized with default level " + logger.
getLevel());
    }
```

这种类型日志的另一个好处是你可以创建逻辑检查来判断是否应该发送日志。你可以检查目前的日志级别，如果它不是你想要的级别，则不会显示任何日志。示例如下：

```
private void nameCheck(String name) {
  if (LOGGER.isLoggable(Level.WARNING)) {
    LOGGER.warning("checking name: " + name);
  }
}
```

关于扩展 Application 和实现这个逻辑的完整例子，安卓部门的一个成员 Doug Stevenson 创建了一个示例应用，你可以把它导入 Android Studio。这个例子也可以在 https://github.com/AnDevDoug/devtricks 中找到。

应用配置

Gradle 编译系统带给安卓最好的功能之一是为 Android Studio 工程创建定制配置的能力。基于很多原因，你应该考虑多个版本的配置，内容如下：

- 改变 API 的证书和数据库认证
- 改变不同服务的端口或结束点
- 切换测试和调试输出
- 使用修改的常量、变量和资源
- 创建白色标签的应用

你想作为默认值使用的值或常量应该保存在 res/values 目录下的一个 XML 文件内部。希望替换的文件可以放到一个新目录中。为了使事情变得容易，你可以在 res 目录下创建一个新目录，比如 res/values-1。

这样你的目录结构就变成如下形式：

```
res/values/config.xml // 原始配置文件路径
res/values-1/config.xml // dev 配置文件路径
```

这种存储信息的特殊方法没有充分使用 Gradle 编译系统的功效，但是可以帮你加载需要的常量把它们放在正确版本的文件里。为了充分利用 Gradle 系统的威力，你可以把值注入到应用模块的 gradle.build 文件中的 ProductFlavors 部分内部。

这些值存储在一个 resValue 条目中，然后列出了 type、key 和 value。如下面例子所示，应用模块的 gradle.build 文件里有一个示例条目，它帮助创建了一个基于应用同样版本的配置，但是位于不同的目录下：

```
apply plugin: 'com.android.application'

android {
  // 设置编译选项和其他资源

  defaultConfig {
    // 除了你设置的之外，可以额外再注入资源
  }

  buildTypes {
    // 除了你设置的之外，可以额外再注入资源
  }

  productFlavors {
    // 设置产品资源注入
    prod {
      versionName '1.0'
      resValue 'string', 'my_api_key', 'HARKNESS'
    }

    // 设置开发资源注入
    dev {
      versionName '1.0-dev'
      resValue 'string', 'my_api_key', 'BADWOLF'
    }
  }
}

dependencies {
  // 添加你的依赖
```

```
    }
```

创建应用时，你可以通过在应用的 onCreate() 函数里调用它们来访问这些值，或把它们加载到对象模型中。根据你选择的路径不同，可以使用 getResources() 函数来访问那些值。如要加载例子中的值，你应该使用如下代码：

```
getResources().getString(R.string.my_api_key)
```

内存管理

改变你加载配置文件的方式和应用如何初始化对确保应用获取适合的存储空间非常重要。但是，如果你的应用一直因内存不足而抛出 OutOfMemoryError，那么任何一个都没有意义，因为它们会使用户感觉很困扰，最终导致用户卸载你的应用而使用别的。

当开发应用时，很重要的一点是你要尽你所能去最大化代码的效率。这意味着你一定要注意如何创建对象，使用什么类型，以及不要阻塞普通的垃圾回收处理。

你可以通过最小化创建对象的数量来最小化垃圾回收的频率。这甚至适用于临时对象。如果你能创建一个单独的对象而重复使用它的值，这比创建新对象要好一些。垃圾回收是一个很奇妙的事情，但是它仍然会消耗系统资源。

使用 getMemoryClass() 函数可以检查应用的内存堆的大小（单位 MB）。如果你想超越这个极限，应用就会抛出 OutOfMemoryError 异常。请注意，getMemoryClass() 是一个 ActivityManager 的函数。可使用如下语句实现：

```
int memoryClass = activityManager.getMemoryClass();
```

当为你的应用创建线程时，你应该意识到每个线程都是一个垃圾回收的 root。安卓 Lollipop 发布之前市场上的设备使用 Dalvik 虚拟机，而且它会保留把这些线程的引用打开以致垃圾回收不会在它们上面自动发生。因此，当用完线程后，绝对有必要关闭线程。如果不这么做，它会把分配给它们的内存锁住，这会导致应用的进程被系统终止时才会释放。你可以通过使用 Loader 来避免创建新线程去在 Activity 生命周期里做一些短的异步操作；当你需要使用 BroadcastReceiver 的方式传回数据给 Activity 时，可以使用 Service，或者使用 AsyncTask 来执行其他短时操作。

当使用一个 Service 时，请确保它只执行需要的时间。创建一个 IntentService 允许你创建一个当完成 Intent 处理时就结束的 Service。Service 可能对应用正常工作是必要的，但是，它们会把你的应用暴露出去作为一个内存和用户电池问题的潜在瓶颈。一个用户如认为你的应用有问题，他会毫不犹豫地把它从设备上移除。如果你需要有一个长期运行的 Service，应该考虑在 AndroidManifest.xml 文件的 Service 里设置 android:process 属性。请确保做这个时要避免允许 Service 以任何方式改变或影响 UI。如果是，你的 Service 可能使用双倍的内存。

使用 Proguard 不是做代码混淆的推荐步骤。它通过找到无用的代码并删除它们来达到优化的目的。返回的代码是压缩的，因而减少了代码执行需要的内存。你可以把 Proguard 和 zipalign 结合起来使用，以确保 apk 文件里的未压缩资源和文档正确对齐。这当然可以节省运行应用需要的内存。zipalign 工具可以使用如下代码在终端里运行（假设安卓 SDK 在系统路径里）：

```
zipalign 4 infile.apk outfile.apk
```

请注意，可传一个参数 -f 来覆盖 outfile.apk（如果已经存在）。使用参数 -v 将会显示详细输出。如果你认为 apk 已经对齐了，但是你想确认一下，可以执行如下命令：

```
zipalign -c -v 4 outfile.apk
```

参数 -c 将会确认文件的对齐。参数 -v 仍然用于详细输出。

垃圾回收监控

当你查看 LogCat 或 DDMS 的日志时，你会看到一些和垃圾回收直接相关的信息。下面的列表解释了你发现的信息及其含义：

- **GC [reason]**：垃圾回收执行的原因。下面是一些可能的原因：
- **GC_CONCURRENT**：随着内存填充满而发生垃圾回收释放内存。
- **GC_FOR_ALLOC**：垃圾回收发生是因为系统内存满的情况下有应用尝试申请内存，从而导致系统停止应用而回收内存。
- **GC_HPROF_DUMP_HEAP**：垃圾回收发生是因为要创建一个 HPROF 文件为了对堆内存做进一步分析。
- **GC_EXPLICIT**：一个显式的调用垃圾回收。如果你看到这个，或者包含的库可能有问题，因为垃圾回收是被迫手工运行的。
- **Amount freed**：垃圾回收释放或回收的内存数量。

- **Heap stats**：空闲内存的百分比，以及活动的对象 / 总的堆大小。

- **External memory stats**：API level10 或更低的外部分配内存，显示为分配内存数量 / 回收的极限点。

- **Pause time**：堆越大，暂停的时间越长，同时发生的暂停次数显示为两个：一个是回收开始时，另一个是接近结束时。

检查内存使用

除了使用 DDMS 和 LogCat 工具在 Android Studio 里查看内存的使用情况外，你也可以用 adb 命令行工具来检查内存管理的状况。请记住，使用 adb 时，需要使设备处于调试模式，而且要连接到电脑。为了确保设备是连接的，而且你的电脑可以看到设备，可以执行如下命令：

```
adb devices
```

请注意，在 Linux 和 OS X 终端窗口需要使用 ./adb 来执行命令。你也会看到如下信息：

```
*daemon not running. starting it now on port 5037 *
```

如果下一行告诉你 daemon 成功启动了，你应该检查设备是否已经连接，或是准备好与电脑交换 SSH key。一旦你已验证手机设置正确，可以再次执行 adb devices 命令查看连接到电脑的设备。

如果没有使用一个物理设备，可以启动一个安卓模拟器来执行命令以确保模拟器正确连接到系统。如果它连接正确，就会看到如下类似的输出：

```
List of devices attached
emulator-5554    device
```

当设备列出来之后，现在可以使用 adb 命令来收集某一个特定 package 的内存信息。下面的命令可以显示 com.android.phone 这个 package 的结果：

```
adb shell dumpsys meminfo com.android.phone
```

图 18.1 展示了命令执行和终端窗口返回的输出。

返回值是 com.android.phone 这个 package 在设备上的截图。你可以看到这个 package 自从启动之后就增加了内存大小、内存堆的大小和它的可用空间、创建的对象数量，以及数据库信息。

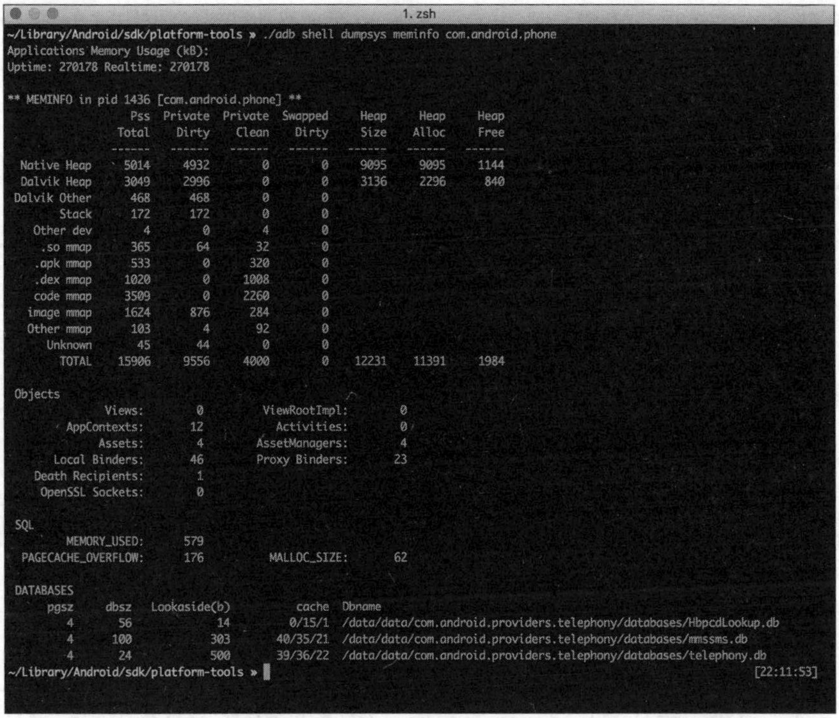

图 18.1　你可以看见相当数量的关于设备上 package 的内存信息

请注意，`com.android.phone` 这个 package 只是一个例子。当你测试应用时，请确保要用的测试 package 和应用是相关的。

虽然显示的所有信息都是重要的，但是你应该多关注一下 `Pss Total` 和 `Private Dirty` 列。`Pss Total` 列代表和主设备内存线程所有相关的，而 `Private Dirty` 列记录的是应用启动之后它使用的堆内存的实际 RAM。

性能

你可以在代码里做一些事情来帮助优化内存使用，而且加快系统在设备上执行代码的速度。许多优化都被忽视了，由于时间的问题，或者只是因为代码是你熟悉的方式和你一直做的东西。那并不意味着应用将不会工作，但是，它确实意味着有一些设备不能以你期望的速度运行应用，从而导致用户对坏的性能感到失望。

处理对象

以前提过，应用的垃圾回收是基于你创建对象的数目运行的。你可以通过不使用临时对象而直接工作在已存在的对象上来最小化对象的创建。

当你使用返回添加到 `StringBuffer` 对象的一个 `String` 的函数时，没必要创建一个新对象来包含返回的 `String`，然后把临时对象加到 `StringBuffer` 对象，而是应该尽量直接使用 `StringBuffer` 对象，跳过所有的临时对象。

当你不用多线程同时访问时，也应该考虑使用 `StringBuilder`。`StringBuilder` 不会像 `StringBuffer` 那样对每个方法都做同步，因而和 `String` 一起使用时会有相当的性能提升。

如果你不想修改对象的状态，应该把函数实现成静态（static）的。这会增加函数初始化需要的时间，而且更好的是函数不会改变对象的状态。

静态函数和变量

除了使你的函数为 `static` 之外，你也应该把常数设为 `static final`。把它加到一个你使用的常数变量中，系统会知道它不必要把对象存到每次使用时都需要引用的区域。

你也应该避免使用 enum。在标准的 Java 中，enum 提供了很好的处理常数的方法。但是，当使用这个时，为它分配的内存是双倍的。如果你可以不使用 enum，请尽量避免。

当从变量取值时，你应该避免使用 getter。安卓使用对象会比函数调用快一些。这是由于虚拟函数调用比使用字段查找需要更多的处理器和内存敏感。有一个例外是当你使用接口时，用 getter 是可以接受的，因为字段不能直接获取。

For 循环增强

当你发现需要对某一个值进行迭代时，你如何选择的是创建 for 循环。你应该很熟悉 for 循环，代码如下：

```
int total = 0;
for (int i = 0; i < myArray.length; ++i) {
  total += myArray[i].myItem;
}
```

在这个例子里，它创建了一个 int 来包含计数总数，然后执行 for 循环来得到

myItems 的数目，而后者保存在 myArray 里，得到之后把它存在 total 变量里。这个循环是功能性的，但是它不是优化的。即使变量 i 已定义，myArray 的长度在每个单次的迭代里也要查询。为了使它加速，可以使用 Java 1.5 引入如下的增强 for 循环：

```
int total = 0;
for (<type> a : myArray) {
  total += a.myItem;
}
```

通过使用这个语法，编译器会意识到 myArray 对象的长度，因而避免循环每次执行时做查询。请注意，若要它正常工作，<type>应该改成你期望的类型（int、String 等）。

Float、double 和 int

即使 double 型占用的内存是 float 类型的两倍，我们也要尽可能使用 double。

一个有意思的性能方面的事是 float 会比 int 处理起来慢两倍。如果你不需要 float 或 double 的额外精度，要处理潜在的 null 值或需要封装时，可以选择用 int 或一个 Integer。

优化数据容器

安卓有几个数据容器，你可以使用它们来生成更高内存性能的应用。不要使用 HashMap，可以考虑使用下列数据类型，当然，它也取决于你想要保存的数据：

- SparseArray 替代 HashMap <Integer, Object>
- SparseBooleanArray 替代 HashMap <Integer, Boolean>
- SparseIntArray 替代 HashMap <Integer, Integer>
- SparseLongArray 替代 HashMap <Integer, Long>
- LongSparseArray 替代 HashMap <Long, Object>

使用这些内置的类型要快一些，因为它们针对安卓做过专门的优化。它们不申请内存，而且不自动保存键值。SparseArrays 还是内存高效的，因为它们不像 HashMap 那样消耗过多。

你应该尽可能使用原始数组（int[]），而不是 HashMap。这有助于提供性能，因为封装不需要执行字段查找。

总结

在这一章，你学到了提供性能和组织应用的新方法。你可以控制应用的入口点，并通过扩展 Application 类来优化需要使用的资源。

你也了解到了通过结合扩展 Application 类来创建自己的 log 实现，可以创建一个用于单元测试的 log，而不是只抛出错误。

还有可以创建不同的配置，从而基于应用的不同版本来使用。这是非常有用的，尤其是工作于不同的认证服务时，或者是 API，在多种环境下访问数据库。

你还学到了通过使用不同的策略来精简应用，从而最大化内存的使用效率，比如最小化对象创建，意识到应用剩下可用的内存，以及使用命令行工具结合 adb 命令来查看内存使用。

最后，还介绍了通过写为安卓优化的代码来提高性能。这包括使用 static final 变量，谨慎使用原始类型，不使用 HashMap，因为有很多其他的可用数据容器能产生类似的结果却有更好的性能。

19
Android TV

有很多尝试来创建一种提供给一群人当他们在自己舒适的家里时可以参与和分享的体验。许多家庭至少有一台电视，而且它通常放在一个有大量空间的区域，因而可以供许多人一起看。Android TV 通过允许你创建在这种环境下使用和享受的应用来充分利用空间。在这一章，你会学到创建一个 Android TV 应用的基本知识，以及一些 Android TV SDK 中提供的把应用放到大屏幕上的内容。

概况

手机、平板和其他的安卓设备对你的生活来说是非常美好的事情，但是当需要与朋友、家人和其他人一起享受那些内容时，你会感觉到使用一个小屏幕有点拥挤。

有些内容在小屏幕上工作会不正常，因而需要更多的空间来完全享受。电视可以比较容易地用于很多应用，比如流视频、音乐，甚至是提供多人体验。

Google 以前就进入过电视领域，而且和合作者早期有一些使用 Google TV 平台的成功经验。这个平台是早期尝试把 Google 的服务提供给在房子里使用最大屏幕的大众。2014年 6 月，在 Google I/O 上宣布 Android TV 是 Google TV 的继任者。

Android TV 主要提供以下服务：

- 以电影院的方式来访问个性化的 Google 产品
- 语音搜索
- 基于内容假设的应用和内容推荐
- 游戏和应用

Android TV 在基本功能方面和一个标准的安卓设备看上去没有太大的不同；从这个角度看，几乎任何应用都可以移植到 Android TV 上供用户使用。但是这也有一些注意事项，因为电视形式不同的因素，我们需要考虑使应用工作正常，并在支持 Android TV 的设备上可用。

十英尺视图

当工作于 Android TV 时，你经常会听到"十英尺视图"，它是从用户到屏幕的典型距离，这意味着详细程度进入到应用的改变。然而精度和细节是在小屏幕设备上需要重点考虑的因素，许多这些细节从一定距离来看就会消失或很难看出来。

当设计一个用户界面时，你应该用一个网格或类似的系统，这样每个条目会变大，而且容易读，方便遥控和导航。你还应该使你的应用在横屏模式显示，而不是竖屏方向。

为 Android TV 创建的应用应该使用 Fragment 来帮助管理屏幕的每个部分，而不是只有一个单一的 View 来拉伸或缩放以适应显示。因为电视是横屏方向的，你也应该实现 GridView，而不是 ListView，因为 GridView 能充分利用可用的水平屏幕空间。

为了帮你制作可视化的 layout，考虑使用 Leanback 支持库。Leanback 是 Android TV 要求的，但是，这个支持库包含一个可以提供给应用使用的许多推荐风格的 theme，以及一个有利条件帮你开始准备应用的视觉效果。下面的例子展示了如何使用这个主题，这可以通过把它加到应用 manifest XML 里的 <activity> 来实现：

```
<activity
  android:name="com.example.android.TvActivity"
  android:label="@string/app_name"
  android:theme="@style/Theme.Leanback">
```

如果你不想使用这个特殊的 theme，至少要实现如下代码，因为 Android TV 应用不应该显示一个标题栏：

```
<activity
  android:name="com.example.android.TvActivity"
  android:label="@string/app_name"
  android:theme="@android:style/Theme.NoTitleBar">
```

很多资源是可以在标准的安卓应用和 Android TV 应用之间共享的。但是，你一定不要共享 layout 资源，一定要确保单独创建 layout。你也不应该在 Android TV 里使用

ActionBar，因为用户很难远程导航。

如果你的应用集成了广告服务，请注意以下几点：

- 用户应该能够适应遥控器关闭全屏的非视频广告。

- 推荐使用能在 30s 关闭的视频广告。

- 如果广告不是全屏的，用户应该可以使用遥控器与它进行交互和单击它。

- 广告不应该尝试打开网页浏览器或连接到网页 URL。

- 广告不应该链接到其他在电视设备上无用的应用。

如果因为任何原因，你要加载或使用网页资源，则必须使用 WebView，而不是浏览器。
Android TV 目前不支持完整的浏览器实现。这对于创建多平台（Android 和 Android TV）
应用尤其需要注意。

电视上的控制也是不同的。因为用户离屏幕很远，你需要考虑如何使用遥控器来导航。
遥控器应该有一个两轴方向控制板。这提供了 X 和 Y 方向移动，根据应用的不同，你应
该考虑添加一个视觉提示来告诉用户光标的位置，以便用户可以快速做方向改变。你还应
该确保应用的每个元素是可以通过控制器来访问的。

应用不应该依赖于用户必须在遥控器上按 Menu 键。这并不意味着你不能使用这个按
键，只是说所有的可用菜单都应该有一个 Settings 或 Options 区域。

为了帮助用户可视化地理解界面，每个条目（比如按钮）都有四个状态来以可视化方
式显示：

- Focused：android:state_focused="true"

- Hovered：android:state_hovered="true"

- Pressed：android:state_pressed="true"

- Default：默认状态下不需要任何属性。

下面的代码会基于这些状态来改变分配的 drawable 资源：

```xml
<?xml version="1.0" encoding="utf-8"?>
<selector xmlns:android="http://schemas.android.com/apk/res/android">
  <!-- focused -->
  <item android:state_focused="true"
        android:drawable="@drawable/button_focused" />
  <!-- hovered -->
```

```
    <item android:state_hovered="true"
        android:drawable="@drawable/button_focused" />
    <!-- pressed -->
    <item android:state_pressed="true"
        android:drawable="@drawable/button_pressed" />
    <!-- default -->
    <item android:drawable="@drawable/button_normal" />
</selector>
```

除了视觉提示，你还可以添加音频提示。这些提示有助于帮助用户判断输入是否已收到，以及当它们达到一个滚动条结尾时感觉非常有帮助。

TV 能力

电视的大小和形状各不同，而且不是所有的电视长宽比都相同。有很多电视长宽比是16∶9，而其他的则可能是4∶3或21∶9。尽管它们的长宽比不同，但 Google 推荐我们为 1920px × 1080px 屏幕（HD）创建可视效果的内容。除大小之外，你应该为界面尺寸的移动再添加 5%。这样，你的工作区间是 2016px × 1134px。

另一个问题是一些电视屏幕显示为过扫描，这在过去是指当把图像投到电视屏幕时，边缘部分落在边框或显示范围的外面。如今，这适用于开启了放大或缩小级别的电视。通过确保你的重要内容至少离左边和右边有 48px，以及离上边和底边有 27px 的空间可以解决这个问题。如果你使用的是不同的尺寸，宽度和高度各留屏幕大小的 10% 余量就应该是安全的。这个区域是大家都知道的行动安全区。

下面的例子展示了使用一个 LinearLayout 通过考虑余量来确保内容显示在行动安全区域中：

```
<?xml version="1.0" encoding="utf-8"?>
<LinearLayout xmlns:android="http://schemas.android.com/apk/res/android"
  android:id="@+id/base_layout"
  android:layout_width="match_parent"
  android:layout_height="match_parent"
  android:orientation="vertical"
  android:layout_marginTop="27dp"
  android:layout_marginLeft="48dp"
  android:layout_marginRight="48dp"
  android:layout_marginBottom="27dp" >
```

```
</LinearLayout>
```

> **提示**
>
> 作为给刚开始使用 android:orientation 属性的人的一个提醒，它包含一个值 vertical，并不意味着 layout 是竖屏的。实际上，view 是压栈的，而不是一字排开地放置。

简要概括一下，当你工作于一个屏幕时，需要考虑以下几点：

- 背景资源应该是 2016px × 1134px
- 设计应该在 1920px × 1080px 以内
- 行动安全区域在 1728px × 972px 以内

许多电视包含的功能也不同。为了解决这个问题，下列功能描述符在 Android TV 上是不可用的：

- android.hardware.touchscreen
- android.hardware.faketouch
- android.hardware.telephony
- android.hardware.camera
- android.hardware.bluetooth
- android.hardware.nfc
- android.hardware.location.gps
- android.hardware.microphone
- android.hardware.sensor

请注意，即使 android.hardware.microphone 列在这里，这也不适用于遥控器或控制器的麦克风输入。

如果你创建了一个创平台的应用，它在其他设备上使用一个或多个这些功能，但是仍然要在没有它们的情况也能正常工作，则可以添加 android:required="false" 到任意元素。这样，用户可以在手机或平板上使用应用的所有功能，而且仍然在 Android TV 上有一些功能。

文字、颜色和图片

当你工作于 Android TV 时，文字大小、颜色和图片都是很重要的。技术的多样性、尺寸和电视形状增加了处理的复杂性和碎片化。为了提供最好的体验，请确保实现如下要点：

- 文字最小的大小为 12sp（与比例无关）。
- 文字默认大小为 18sp。
- 卡片标题大小为 16sp（Roboto Condensed）。
- 卡片潜台词大小为 12sp（Roboto Condensed）。
- 浏览界面标题为 44sp（Roboto Regular）。
- 浏览分类标题为 20sp（Roboto Condensed）。
- 细节内容标题为 34sp（Roboto Regular）。
- 细节潜台词应该是 14sp（Roboto Regular）。
- 确保你的文本简洁而且容易阅读，而不是长段落和句子。
- 在深色背景上使用浅色文本。
- 无衬线和抗锯齿字体最容易在电视屏幕上阅读。
- 使用 dp 和 sp 单位而不是绝对像素。

对于 Android TV，推荐使用 sp 单位而不是 dp（density-independent）单位，因为它会基于用户字体大小设置而进行缩放。dp 值在电视设备上使用或许准确，也或许不准确。

遵循这些要点是很重要的，它们可以确保当用户使用 Android TV 时，你的应用在浏览界面看上去是相同的，而且当查看细节显示，以及卡片式方式查看最近使用过的条目，因此，可以给用户一个一致和比较享受的体验。

你应该避免使用"轻"和"薄"的字体和样式，这可能使你的字体锯齿或锯齿状出现在一些电视屏幕上。

当使用颜色时，请遵循以下几点：

- 颜色在电视上的显示与在监视器、手机和平板上的显示不会完全一样。
- 一些电视应用平滑、锐化、饱和度和其他过滤器，可能会扭曲或改变颜色。
- 环境的差异可能会改变颜色的色调、亮度和饱和度。

- 一些电视无法完美地显示渐变，并且还会出现彩色带。
- 在屏幕的大面积使用纯或高度饱和的颜色时要小心；与其余的颜色相比，这些可能会显示在一个过于激烈的水平。
- 避免使用纯白色来填充屏幕。
- 添加高对比度的元素是彼此不同的，所以，图像和切片不出现泥泞，很容易视觉识别为不同的领域。
- 务必确保文本和背景具有高的对比度；否则，文本可能变得无法阅读。

你的应用程序应该有一个应用图标用来显示在 Android TV 设备的主界面上。这个图标大小应为 320px × 180px（xhdpi 资源）。图像中应该有清晰的文本而不是只有图片。请注意，如果你提供多语言的一个应用，那么每种语言都必须有一个应用图标。这个应用图标是通过添加属性到应用 manifest XML 里来配置的：

```
<application
  ...
  android:banner="@drawable/banner">
  <!-- other manifest elements go here -->
</application>
```

Android TV 主界面显示的建议是基于用户活动的。这些建议包含如下组件：

- 大图标
- 小图标
- 内容标题
- 内容正文
- 背景（可选）

图 19.1 展示了显示这些应用组件的一个线框卡片。

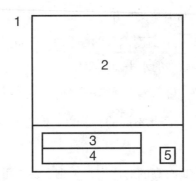

图 19.1　（1）背景图片　（2）大图标　（3）内容标题　（4）内容正文　（5）小图标

针对大图标，请遵循以下几点：

- 不能是透明图片。

- 最小高度为 176dp。

- 最小宽度为高度的 2/3（如果高为 176dp，最小宽度为 117dp）。

- 最大宽度为高度的 4/3（如果高为 176dp，最大宽度为 234dp）。

针对小图标，请遵循以下几点：

- 平面图像。

- 卡片选中时显示 100%，而卡片未选中时显示 50%。

- 图标通过标题和内容部分的颜色背景来显示。

- 图标尺寸为 16×16dp，以单一颜色的 PNG 格式保存，透明背景白色图标。

注意，在这些卡片上的文字应该遵循如下原则：

- 卡片标题大小为 16sp（Roboto Condensed）。

- 卡片潜在文本大小应该为 12sp（Roboto Condensed）

当卡片被选中时，背景图片应该显示为全屏的。它不应该只是一个大图标的放大或拉伸版本，而应该是显示应用的另一张图片或内容来增强体验。它应该遵循以下几点：

- 必须是 2016px×1134px（否则系统会缩放）。

- 必须是不透明的。

在 Leanback 支持库里提供的 widget 添加了对这些背景图片的支持，以及当获取焦点或失去时更新它们。

使用图片时，推荐的性能提升方法和标准安卓应用是相同的。下面的列表包含了在 Android TV 应用里处理大图片的建议：

- 当 Bitmap 对象不用时要使用 recycle() 函数。
- 图片需要时才加载它们，而不是预加载。
- 使用 AsyncTask 或类似的后台进程来从网络获取图片。
- 下载时要么直接使用大小合适的图片，或缩放图片，而不是尝试获取太大的图片。

创建一个 App

创建一个 Android TV 应用 的最快方法是使用 Android Studio 来启动一个新工程。当你进入新工程向导时，去掉 Phone and Tablet 选项，选中 TV 选项。在你选中这个选项之后，可以选择一个目标 SDK 级别。类似于处理手机和平板应用，选中一个最小级别而不是最大级别。请注意，Android TV 要求最小级别为 Lollipop（API level 21）。

> **注意**
>
> 如果你因为电视选项是灰色的而不选择它，可以启动 Android SDK Manager 和更新 SDK 包。

在完成新工程向导之后，你会看到包括三个 layout 文件的一个工程：

- activity_details.xml
- activity_main.xml
- playback_controls.xml

之前提过的，使用 Fragment 创建一个 Android TV 应用是比较好的实践。每个文件包含一个 Fragment，它们分别处理应用的一部分。

你需要注意的另一个文件是 res/values/themes.xml。当你创建一个新 Android TV 工程时若包含了 Leanback 主题，这个文件会自动包含。它也创建了几个条目的风格，文件内容如下：

```
<resources>
  <style name="Theme.Example.Leanback" parent="Theme.Leanback">
```

```
        <item name="android:windowEnterTransition">@android:transition/
fade</item>
        <item name="android:windowExitTransition">@android:transition/fade</
item>
        <item name="android:windowSharedElementExitTransition">
          @android:transition/move
        </item>
        <item name="android:windowSharedElementEnterTransition">
          @android:transition/move
        </item>
        <item name="android:windowAllowReturnTransitionOverlap">true</item>
        <item name="android:windowAllowEnterTransitionOverlap">true</item>
        <item name="android:windowContentTransitions">true</item>
        <item name="android:colorPrimary">@color/search_opaque</item>

    </style>
</resources>
```

下一个你应该检查的文件是应用 manifest XML，该文件包含几个重要的元素：Leanback 声明，以及工程 activity 设置。下面是 AndroidManifest.xml 文件的内容：

```
<?xml version="1.0" encoding="utf-8"?>
<manifest xmlns:android="http://schemas.android.com/apk/res/android"
  package="com.dutsonpa.helloatv" >

  <uses-permission android:name="android.permission.INTERNET" />
  <uses-permission android:name="android.permission.RECORD_AUDIO" />

  <uses-feature
    android:name="android.hardware.touchscreen"
    android:required="false" />
  <uses-feature
    android:name="android.software.leanback"
    android:required="true" />

  <application
    android:allowBackup="true"
    android:icon="@mipmap/ic_launcher"
    android:label="@string/app_name"
```

```
      android:supportsRtl="true"
      android:theme="@style/Theme.Leanback" >
      <activity
        android:name=".MainActivity"
        android:banner="@drawable/app_icon_your_company"
        android:icon="@drawable/app_icon_your_company"
        android:label="@string/app_name"
        android:logo="@drawable/app_icon_your_company"
        android:screenOrientation="landscape" >
        <intent-filter>
          <action android:name="android.intent.action.MAIN" />

          <category android:name="android.intent.category.LEANBACK_
LAUNCHER" />
        </intent-filter>
      </activity>
      <activity android:name=".DetailsActivity" />
      <activity android:name=".PlaybackOverlayActivity" />
      <activity android:name=".BrowseErrorActivity" />
    </application>
  </manifest>
```

值得注意的是元素 <category android:name="android.intent.category.LEANBACK_ LAUNCHER" />。如果你不包含这个 filter，在执行 Google Play Store 的 Android TV 设备上，用户会看不到你的应用。除了那个之外，当你通过开发者工具加载应用时甚至也看不到它。创建 Android TV 应用时这个 filter 总是存在的。

以前提过的，并不是所有的安卓硬件功能在 Android TV 上都支持。为了确保应用知道触摸屏不是必需的，以前可以包含属性 android:required="false"。这允许系统正常工作，甚至在没有检测到触摸屏的情况下，以及在 Android TV 设备上显示你的应用在 Play Store 中。

最后一个你需要检查的文件是应用模块里的 gradle.build 文件，该文件包含了一些需要使应用正常工作的支持库。请注意应该包含下列依赖：

```
dependencies {
  compile fileTree(dir: 'libs', include: ['*.jar'])
  compile 'com.android.support:recyclerview-v7:23.0.1'
```

```
    compile 'com.android.support:leanback-v17:23.0.1'
    compile 'com.android.support:appcompat-v7:23.0.1'
    compile 'com.github.bumptech.glide:glide:3.4.+'
}
```

这里的每个依赖都提供应用需要的函数，具体如下：

- **recyclerview**：这提供了需要显示长列表的类，而且 Leanback 库也需要它。
- **leanback**：这提供为 Android TV 应用功能的 widget、theme 和 media playback 支持。
- **appcompat**：这提供兼容的 dialog、activity 和其他允许应用在不同版本的安卓上工作的类。
- **glide**：这不是一个必须的依赖。但是，它提供了一个可视媒体服务来有效地帮助获取和处理可视媒体文件。访问 https://github.com/bumptech/glide 可以获取更多关于 glide 的信息。
- **cardview**：这个依赖不包含在示例里，但是，可以考虑使用它显示媒体文件和卡片的描述。

现在，你有一个示例项目可用了，接下来，是时候看看如何调试和运行它了。

模拟和测试

如果你有一个 Android TV 设备，就可以通过 USB 来对它进行调试。开启 Developer Mode 的方式和标准安卓设备是类似的。简而言之，你需要执行以下几步：

1. 进入系统设置。

2. 找到 Device 行，选择 **About**。

3. 滚动到 Build，在遥控器上重复单击或按 **Enter** 键，直到一个消息出现"You are now a developer"。

4. 进入设置行，选择 **Developer options**。

5. 选择 **USB Debugging→On**。

6. 把你的 Android TV 设备与电脑用 USB 线连接起来。

当你把 USB 线连到电脑时，你会看到一条消息"Allow USB Debugging"出现；然后可以选择"always allow"或"just for this time"。一旦选择之后，从控制台或命令行窗口执行 adb 命令就会显示 Android TV 设备。一旦它出现在列表里，你就可以用 Android Studio 或 adb 命令来开始调试你的应用。

如果你没有 Android TV 设备，仍然可以使用 AVD Manager 来创建一个模拟器，或者手工创建一个模拟器，当然，你也可以按照下列步骤来创建：

- 在 Category 类型选择 TV。
- 选择你想模拟的 TV 尺寸和分辨率，然后单击 Next。
- 选择你想模拟的 Android TV 版本，以及 CPU 类型（请注意，在大多数系统中选择 x86 会生成更快的模拟器），然后单击 Next。
- 确认设备设置，或使用按钮和字段来改变设置（请注意，把 Android TV 改成在竖屏运行是可能的，但是并不推荐），单击 Next。
- 等待模拟器的创建，选择模拟器，然后单击启动图标来启动 AVD。

请注意，当你模拟电视时，需要一个高分辨率的监视器，而不是 AVD，或者需要缩放 AVD。

有两个办法来缩放 AVD:

- 打开 AVD Manager，单击 Edit 按钮（图标看上去像铅笔），编辑 Android TV AVD，然后改变 Scale 设置来缩放，以使 AVD 在监视器上变大或者缩小。
- 改变启动配置来从 Android Studio 内部缩放。这可以通过单击 File 菜单里的 Run，然后单击 Edit Configuration 来实现。在出现的窗口里，找到 Target Device 部分，单击 Emulator 单选按钮，选择 AVD。现在，回滚并单击 Emulator 标签。在这部分中，有一行标有 Additional Command Line 选项。在这个区域，输入你想让模拟器缩放的百分比。例如，需要模拟器显示为正常尺寸的 70%，则输入 **-scale 0.70**。

请记住，使用模拟器测试的效果没有使用实际设备测试好。如果你有实际设备，应该尽量使用真实设备。这样你就可以使用遥控器测试，以及蓝牙外围设备。

对于使用模拟器进行简单测试，你可以使用箭头、Esc 键（返回）和 Enter 键来访问应用。

总结

在这一章，你学到了 Android TV 和各种不同的组件，这些组件构成了 Android TV 应用和标准安卓应用的差别。

你还学到了处理大屏幕要求考虑如何支持电视屏幕上的功能和尺寸，这与手机和平板等小屏设备方式是不同的。你学到了 Android TV 应用的 layout 主要关注网格和 Fragment。

你还学到了可视化方式的重要性。因为电视更大，而且有很多不同的屏幕技术，因为文字、颜色和图片显示都是不同的。所以需要特别注意应用清晰可见。

还有要使应用在 Android TV 上工作所必需的组件，包括 Leanback 支持的声明。Leanback 不仅提供 widget、theme 和其他功能，而且它对应用出现在 Google Play Store 上来说是必需的，这样 Android TV 设备才能访问。还有一些 Leanback 库需要的其他依赖，以及帮你创建更好的 Android TV 应用的选项。

最后，你学到了关于如何在物理设备和模拟器上测试你的 Android TV 应用。如何在实际的 Android TV 设备上解锁开发者模式，以及如何从电脑端进行连接。然后，介绍了怎么使用 AVD Manager 创建模拟器，以及怎么使用两个不同的方法来进行缩放，以确保不管模拟器或电脑屏幕的分辨率是多少，你都可以在电脑上看到应用。

20
应用部署

一旦你有了完美的应用，接下来就需要部署。应用部署是把应用发布给用户的最后一步。这通常包含清理你的工程和创建一个安卓应用包（Android application package，简称 APK）。在这一章，你学到如何从 Android Studio 来部署应用，以及准备在 Google Play Store 中成功发布的必要资源。

准备部署

许多开发者认为实施只是一种拿代码和发布能上传到 Google Play 和通过 Google Play Store 来发布的 package 或 APK 文件。虽然这肯定是应用发布的一个主要途径，但是还有其他原因来创建和发布 APK 文件。

你可能因为如下几点创建 APK：

- 一个私有合同应用发布
- 远程群组用户的应用测试
- 企业应用管理
- 在第三方应用软件商店发布，比如亚马逊

当你准备实施时，需要创建一个应用的生产版本。你也要确保外部资源都已准备好。根据复杂性和应用想用的发布方法，在创建 APK 文件之前，这个过程可能需要一些额外的设置和最终处理。

物件清单

创建一个物件清单有利于你快速和有效地发布应用。执行这个过程非常重要，不管你是单个的开发者还是一个团队，而团队里每个人负责完成列表里的一部分。

不是每个条目都是需要的，而且有些步骤是否需要添加和扩展取决于你的发布目标。例如，如果你在创建一个企业应用，它主要是内部发布而不需要发布到应用商店，则可能需要跳过创建应用营销图片、视频以及网站。但是，你可能要选择准备一些培训材料。

不管你想要的发布途径是什么，下面的条目会给你提供一个正确的方向。

认证密钥

证书是指认证密钥，用来确保应用是授权的，它确认了发布者是在使用商店的应用的授权版本。你要生成一对密钥，然后用它们给应用签名。这可以保证你控制应用的更新和你是应用的唯一发布者。

把密钥放在一个安全和可靠的地方是非常重要的，因为如果你丢失了应用的密钥，将不能更新创建的应用。把它放在一个安全的地方，而且不能让别人使用，否则他们可以强制更新你的应用。

请注意，如果你计划在 Google Play Store 上发布你的应用，你的密钥必须在 2033 年 10 月 22 日之后过期。任何一个在那个时间之前过期的都会导致你的应用提交时被拒绝。

发布应用时，你可以选择在编译过程中加入自己的密钥，或使用 Android Studio 来对应用进行签名。两个都各有优缺点。如果你的发布设置在常规编译周期里是自动化进行的，把密钥加入编译过程可能是一个比较好的主意。而如果你处理的版本比较有限，或者你没有应用自动编译系统，则使用 Android Studio 应该会比较好。

联系邮箱

在 Google Play Store 上发布应用有一个需求是联系邮箱，当然，因为用户可能会问你问题，请求支持，或在某些情况下，需要通过使用你的应用程序，以避免退款请求，这时有联系邮箱应该是比较好的主意。

联系邮箱和支持邮箱可能有些不同，因此你应该尽量提供两个。如果你不提供支持邮箱，一旦收到信，请尽快回复邮件，以避免负面体验和评论。当提供支持邮箱时，最好加入一个自动回复功能，以确认你收到了原始邮件并已经分配给支持团队。

应用网站

为应用创建一个网站是个好主意，不仅是因为可以展示你的策略、频繁被问到的问题和联系信息，而且也可以使用搜索引擎来找到你的应用并发布它。根据创建的应用，你可以显示比较深入的视频和其他营销材料。它也提供选项在和应用一起的不同产品或服务上做交叉销售或用户向上销售。

有一些最成功的应用成功了，是由于它们提供了跨平台的方案，而网站上展示了每个模块如何无缝地和其他模块一起工作来提供服务，不管用户有什么样的设备。

应用网站也可以成为另一个设计触点，它提供给用户更多的信息来和朋友分享应用，以及一些应用提供的特殊比赛或事件。

外部服务或服务器

确保你的产品服务器准备就绪是发布过程中很重要的一个部分。这看上去不是什么大事，但是如果你（或你的市场团队）已经为应用做了宣传，那么它对很多用户而言可能是成败的关键体验。没有什么比发布当天太匆忙、更糟糕了，如果用户看到你的服务器崩溃了，原因是因为需求量大，然后再看到负面评价和灌水帖，接下来看到的是其他应用以开放的姿势欢迎这些用户。

外部服务器可以用于应用资源分享、用户请求处理、消息处理和保存用户信息。你可以通过创建可调整的 Web 应用来减少损失，但是你也需要利用 Google Play Store 提供的报到流程的好处。这允许你慢慢推出应用，同时盯着服务器 log 和处理信息。

应用图标

根据开发团队的结构不同，你可能选择使用默认的启动图标立即开始开发，而不用等设计图标完成。这是非常完美的，但是它要求在发布应用时把产品的图标插入进去。

提醒一下，你应该提供如下启动图标：

- LDPI：36px × 36px

- MDPI：48 px × 48px

- HDPI：72 px × 72px

- XHDPI：96 px × 96px

- XXHDPI：144 px × 144px

- XXXHDPI：192 px × 192px

许可证

一些应用要求用户同意许可条款以便使用应用。这个协议允许双方理解策略和你作为一个公司或提供者的实践。它也给你保护，尤其是如果用户要决定追究任何涉及你应用的法律索赔时。

当你访问、移动、使用，或以其他方式工作于用户数据时，许可协议通常作为一个最终用户许可协议（End User License Agreement ，简称 EULA）出现。如果你不恶意使用，并且应用他们的数据提供一个有用的界面时，许多用户同意给你这种权限来访问他们提供的数据。当用户第一次启动应用时，EULA 必须要显示给用户，如果他们拒绝这个协议，应用必须关闭。

EULA 不是一个需求。但是，你的应用必须要有一些许可。这可以保护应用在没有你的知识和潜在收益的时候不被拿走或集成。同样，如果你想让别人拿走并使用你的应用，可以提供一个许可来授予开发者和公司的那种功能。

下面是一个开源许可的列表，如果你想开源应用的话，需要考虑使用它们：

- MIT：http://www.opensource.org/licenses/mit-license.php

- GPL 2.0：http://www.gnu.org/licenses/gpl-2.0.html

- GPL 3.0：http://www.gnu.org/licenses/gpl-3.0.en.html

- LGPL 3.0：http://www.gnu.org/licenses/lgpl-3.0.html

- Apache License 2.0：http://www.apache.org/licenses/LICENSE-2.0

- BSD 3-Clause：http://opensource.org/licenses/BSD-3-Clause

- Creative Commons：https://creativecommons.org/choose/

合适的包名

应用的包名很重要，它不仅仅只是应用的开发。安卓使用包名作为在文件系统中的实际存储位置以保存应用相关的数据和信息。它也把包名加载到内存，并基于包名分配资源。

你不能使用其他开发者已经选择的包名，主要是为了防止冲突和导致系统不稳定。

以前提过原因的，基于公司或网站名字来选择一个包名是比较好的。因为包名类似于域名，你可以使用一个修改版本作为包名。这也给看到你的包名的用户一个关于某一个进程或文件系统属于谁的线索。

举个例子，如果你负责网站 www.dutsonpa.com，而且想要创建一个安卓应用叫 Office Warfare，可以考虑一个包名 com.dutsonpa.officewarfare。这个名字描述了谁创建这个应用和它叫什么。根据应用实施策略的不同，你甚至可以稍微修改一下它来添加版本或平台信息。例如，如果有多个平台版本，可以考虑使用 com.dutsonpa.android.officewarfare 来显示这个包专门为哪个平台创建。

请注意，一旦你把应用发布到 Google Play Store 上之后，就不能改包名了。如改变包名则意味着注册一个更新的应用作为新应用。这会导致应用碎片化，并导致用户感觉困惑，因为他们会突然停止收到应用更新，然后看到 App Store 里有两个应用有同样的名字。

验证权限和需求

在你把应用发送出去之前，应该确保它有正确的权限、硬件需求和支持的 API 级别。

在安装之前陈述应用所需的权限很重要的，因为有些用户可能会拒绝安装应用，甚至可能会以用户不理解的方式来使用用户数据。花上一点时间来确保应用所需的权限能让你的应用在市场成功的道路上走得更远。

你应该花时间检查是否基于硬件需求来要求或限制应用。如果是，现在是一个理想的时间来再检查你是否有所需的所有权限，并且没有遗漏任何一个。当用户安装安卓应用时看到它，排行率会下降很快，因为它们会直接关闭而不给出任何解释。

应用的最小 API 级别也很重要，因为它表明了用户能安装哪个版本的安卓到设备上。设置最小 API 级别对于确保最大数量的用户可以下载应用非常有用。但是，你需要确保使用的功能支持那个 API 级别。这可以通过一些巧妙的编程来实现，或者通过包含一个支持库。

如果你不确定应该使用哪个级别，可以查看官方文档 https://developer.android.com/about/dashboards/index.html，其中列出了目前激活的安卓设备的分布。请注意，这个列表是安装有 Google Play Store 的用户生成的。

去掉 log 和调试信息

在第 18 章 "优化" 中，你了解了内存使用和使应用以一个更干净、有效的方式运行的方式。为了继续优化你的应用，应该在最终产品应用上去掉调试和 log 信息。这可以让安卓系统不用写那些没人读的 log，而且去掉了令人困扰的通知、告示、消息和其他形式的应用里出现的调试信息。

你还需要去掉所有调用 Log 类的地方，以及从应用 manifest XML 文件的 `<application>` 元素中去掉 `android:debuggable` 属性。其他调试方法，比如 `startMethodTracing()` 和 `stopMethodTracing()` 也要去掉。

去掉多余无用的东西

随着时间的推移，在一个项目中有多余的东西是很常见的。这可能包括一些资源释放过程中被截掉的，或者只是用来占位，直到最后的东西得到批准和集成到应用中。

你应该尽最大可能删掉测试库、框架和不需要的外包 JAR 文件，以及不用的 layout、字符串和其他文件。尤其需要注意 /res/raw 和 /assets 目录，因为存在那里的文件可能占用大量的空间。这些文件可能需要更新到最新版本，因而要求删掉不再用的文件。

因为每字节的数据我们都在乎，在编译和发布应用之前，你要尽最大努力删掉尽量多的数据。由于一个单独的 APK 文件占用的空间是有限的，用户在使用应用之前需要先下载整个文件，在发布之前要彻底清理应用。

Google Play 相关准备

当通过 Google Play Store 发布应用时，为了成功上传和启动应用，我们是有一些需求的。随着 Google Play Store 越来越成熟，它提供了一些需求帮助提高用户的接受度和推广应用。

如果你还没有在 Google 上创建一个 Developer Account，请访问 https://play.google.com/apps/publish/signup/，然后使用 Google Account 登录。在登录之后，需要接受一个发布者协议和一次性支付 25 美元。

一旦你是一个注册的开发者，就可以通过访问 https://play.google.com/apps/publish/ 来登录 Google Play Developer Account。登录之后，你可以加一个新应用或直接使用现有的。通过使用 Add New Application 按钮，它会提示你给应用取名字和上传 APK，或者准备一个应用的存储列表。

请注意，在应用出现在 Google Play Store 之前，这些选项都必须要先完成。

应用截图

应用运行的每个设备可以放 8 幅图片，这意味着你可以在下列设备放 8 幅图片：

- 手机
- 平板
- Android TV
- Android Wear

你必须至少提供两张图片，不管是 JPEG 还是 PNG 格式，都不能有任何透明的。图片有一个维度必须是 320px 和一个最大尺寸为 3840px 的维度，而且最大值不能超过最小尺寸的两倍。最好使用显示应用功能的图片，或使用应用的实际截图，而不只是一些市场推广资料。

请注意，如果你想把应用放到 Google Play Store 的"Designed for Tablets"部分，则需要提供平板尺寸的图片。

你还要意识到 Android TV 的图片只出现在 Android TV 使用的 Google Play Store 里，而不是平板和手机。

推广视频

你可以考虑为应用放一个视频，它可以突出新功能和显示应用的使用。这也可能是一个拖车或游戏视频，显示你的应用程序在一个生产的方式。通过这种方式，用户可以看见你的应用实际使用时是什么样的，而不用下载和先安装它。

视频必须要放在 YouTube 上，而且不能限制观看的年龄。另外，必须要确保使用的 YouTube 链接是一个视频的直接链接，而不是播放列表或设置页面。

当你使用一个推广视频时，它会显示在应用界面作为第一个能看见的图形资源。这意味着如果你上传了 8 个其他截图，视频会出现在它们之前来鼓励用户观看视频内容。

高分辨率图标

高分辨图标既类似也不同于应用的启动图标。高分辨图标显示在 Google Play Store 的应用页面，也会出现在列表界面的最上边。因为这个，它如果不同于启动图标的话，应该会非常接近的。

高分辨图标应该是 32 位 PNG（alpha）的大小为 512 px × 512px 的资源，而且大小不超过 1MB。

功能图

功能图用在应用的列表页面，而且可以用于 Google Play Store 的其他界面或地方来突出和展示你的应用。这张图片要强调应用的创新性，以及以非常容易理解的文字显示应用的名字。

请注意，你应该避免应用名字以外的文字，而且资源要放在图片的中央。同时，你也要避免把启动或高分辨图标加到图片中。这是一个单独的推广图片，而且它是其他资源的补充而不是重复。

如果你已经加了一个推广视频到列出来的应用，Play 按钮会出现在功能图的中央，这样用户就可以单击它来观看推广视频。

功能图应该是 JPEG 或 24 位 PNG（不透明），而且大小为 1024 px × 500px。

推广图

推广图不是必须要的东西，其实它已经被功能图替代了，后者是一个在各个版本的 Google Play Store 上使用的图片，或者是运行早于 Android 4.0 的设备上的 Android Market。

推广图应该也以类似于功能图的方式来处理。但是，它的尺寸更小。它应该是 JPEG 或 24 位 PNG（不透明），而且大小为 180 px × 120px。

安卓电视条幅

安卓电视条幅类似于高分辨图标，只显示在 Android TV 设备上，而不是手机和平板上。虽然它叫条幅，但它的尺寸其实更小。

条幅应该是一个 JPEG 或 24 位 PNG（不透明）的图片，而且大小为 320 px × 180px。

付费

如果你计划为应用收费，则需要把 Google Play Developer Account 链接到 Google Payments Merchant Center。Google Payments Merchant Center 是你的商业信息存储的地方，它会要求你用合法的商务名字、地址、电话号码，以及当一个交易完成时信用卡上出现的名字。

如果你已有 Google Play Developer Account 和一个 Google Payments Merchant Center Account，可以通过登录 Google Play Developer Account，然后单击 Reports 链接，而后选择 Financial Reports 选项来把它链接到一起。这会显示一个提示消息告诉你来设置商家账号。

生成 APK

APK 文件是应用编译生成的。也就是说，生成的 APK 通常是用调试的密钥来签名的，这意味着 APK 是测试用的，而不是用于发布的。有方法可以对一个生成的 APK 进行签名，但是最容易的方法是确保应用使用 Android Studio 内置工具签过名且正确生成。

使用 Android Studio，签名和生成应用 APK 的步骤如下：

1. 在 Android Studio 里打开工程。

2. 单击 Build 菜单选项，然后单击 Generate Signed APK。

3. 在出现的窗口中，选择 Module Selection 中你的应用的 App 模块，单击 Next。

4. 选择你想用的 keystore（扩展名为 .jks 的证书容器）来对应用签名。如果你没有，在这一步可以通过单击 Create New 按钮来生成一个，选择一个安全的位置来存储生成的 keystore 文件，然后输入所需的信息。

5. 在创建了 keystore 或选择了一个 keystore 之后，输入所需的密码，单击 Next 继续。

6. 选择在哪里存储生成的 APK 文件，以及发布的编译类型。请注意，如果你有多个 Gradle 编译配置，将会看到一个选项来选择想要用的那一个。在确定选择之后，单击 Finish 按钮开始编译应用的 APK。

当上述流程完成之后，你就可以看到生成的 APK 文件，然后就能把它上传到 Google Play Developer Console。如果你不准备通过 Google Play Store 来发布应用，现在可以通过其他方式来发布。

　　如果你想把 APK 文件给其他人，请注意它们需要配置设备来从"未知源"安装。这可通过设备设置来实现，它位于 Settings 下的 Security。用户会看到一个消息提示信任未知源可能会使他们的设备和个人容易受到攻击，而且他们同意独立地对任何来自安装未知应用造成的损失、丢失和偷盗负责。

　　在开启未知源之后，用户可以通过文件管理器来选择 APK 文件或类似的工具，然后启动它。安卓识别文件并提示用户安装应用，显示出所需的权限列表和给它们一个机会拒绝安装。一旦批准，应用会被安装，然后在应用主菜单就可以访问它们了。

总结

　　在这一章，你学到了发布应用的流程。刚开始是一个推荐的清单，你应该仔细看一下以确保应用发布和分发已准备就绪。还有包含这些条目的重要性，以及为什么每个都应该包含或者至少要考虑。

　　你还了解到 Google Play Store 所需用来确保应用启动成功的资源，以及一些额外的东西，比如帮助你希望用户尝试和使用应用的推广视频。

　　最后，你学到了使用 Android Studio 来生成一个签名的 APK。我们介绍了分步指南来选择或创建 keystore 来签名应用和创建 APK 文件，还有把应用发布到 Google Play Store 之外的潜在问题，以及用户如何开启或允许从未知源安装应用。

反侵权盗版声明

　　电子工业出版社依法对本作品享有专有出版权。任何未经权利人书面许可，复制、销售或通过信息网络传播本作品的行为；歪曲、篡改、剽窃本作品的行为，均违反《中华人民共和国著作权法》，其行为人应承担相应的民事责任和行政责任，构成犯罪的，将被依法追究刑事责任。

　　为了维护市场秩序，保护权利人的合法权益，我社将依法查处和打击侵权盗版的单位和个人。欢迎社会各界人士积极举报侵权盗版行为，本社将奖励举报有功人员，并保证举报人的信息不被泄露。

举报电话：（010）88254396；（010）88258888

传　　真：（010）88254397

E-mail：　dbqq@phei.com.cn

通信地址：北京市海淀区万寿路 173 信箱

　　　　　电子工业出版社总编办公室

邮　　编：100036